资源循环科学与工程专业规划教材

EXPERIMENTAL METHOD OF
RESOURCE CYCLE

资源循环实验方法

主 编　刘　银　张丽亭

副主编　李孟婷　赵　岩　薛长国

中国科学技术大学出版社

内 容 简 介

本书吸取了材料、矿业工程专业等相关实验教材内容的优点,立足资源循环利用的理论知识和工程实践环节等特点,全面系统地构建了资源循环实验方法教材体系。本书根据资源循环科学与工程专业本科教育规范的教学大纲的要求,结合目前专业实践教学中常用的实验,力求使教材内容与实验教学和工程实践相结合。

本书可作为高等学校资源循环科学与工程等专业本科生的学习用书,也可供在材料工程、环境工程、化学工程领域从事科研、设计、生产的工程技术人员阅读参考。

图书在版编目(CIP)数据

资源循环实验方法/刘银,张丽亭主编. —合肥:中国科学技术大学出版社,2020.8

ISBN 978-7-312-04973-6

Ⅰ.资… Ⅱ.①刘… ②张… Ⅲ.资源利用—循环使用—实验方法 Ⅳ.X37-33

中国版本图书馆 CIP 数据核字(2020)第 092153 号

资源循环实验方法

ZIYUAN XUNHUAN SHIYAN FANGFA

出版	中国科学技术大学出版社
	安徽省合肥市金寨路 96 号,230026
	http://press. ustc. edu. cn
	https://zgkxjsdxcbs. tmall. com
印刷	合肥市宏基印刷有限公司
发行	中国科学技术大学出版社
经销	全国新华书店
开本	710 mm×1000 mm　1/16
印张	12.25
字数	254 千
版次	2020 年 8 月第 1 版
印次	2020 年 8 月第 1 次印刷
定价	42.00 元

前　言

资源循环实验教学是对学生进行知识与能力培养的重要教学环节之一,其基本任务是对学生进行实验方法、实验设备使用等技能的基本训练,加深学生对所学基本理论的理解,开展实验方案设计、实验结果分析与处理,提高学生综合运用知识的实践能力,培养学生的创新能力。

"资源循环实验方法"是资源循环科学与工程专业实践教学的重要课程,主要是让学生掌握实验研究的基本步骤和方法,以及针对典型二次资源综合利用开展综合性实验设计与实践。本书是根据《化学类专业本科教学质量国家标准》《普通高等学校本科专业目录和专业介绍(2012)》及资源循环科学与工程专业人才培养要求,结合二次资源特点和实验特点编写而成的,主要内容有实验设计与数据处理、物料的预处理、资源分离分选、资源监测与检测、典型二次资源深加工实验等。内容涵盖物性检测、各种分离分选技术、典型农业固体废弃物及矿业固体废弃物等深加工。本书既突出培养学生基础知识的运用能力和动手能力,又紧密结合资源循环科学与工程专业实验教学的目标,培养学生专业实验研究的基本技能。

本书可作为资源循环科学与工程等专业本科生的学习用书,也可供在材料工程、环境工程、化学工程领域从事科研、设计、生产的工程技术人员阅读参考。

本书共有5章,编写分工如下:薛长国编写第1章,李孟婷编写第2章,张丽亭编写第3章,赵岩和张丽亭编写第4章,刘银、李建军、赵岩、薛长国、李孟婷编写第5章。全书由刘银统稿。

由于编者水平有限,书中难免有疏漏和错误之处,敬请读者批评指正。

最后,本书得到安徽省质量工程项目(安徽省名师工作室、安徽省高等学校省级教学研究项目)建设经费的资助。

编　者
2019年8月

目　　录

第1章　实验设计与数据处理

在科学研究和生产中,经常需要做很多实验,并通过对实验数据的分析来寻求问题的解决办法。因此,就存在着如何安排实验和如何分析实验结果的问题,也就是如何进行实验设计和数据处理的问题。实验设计,顾名思义,研究的是有关实验的设计的理论与方法。通常所说的实验设计是以概率论、数理统计及线性代数等为理论基础,科学地安排实验方案,正确地分析实验结果,尽快获得优化方案的一种数学方法。

1.1　实验设计与数据处理的意义

一项科学合理的实验安排应做到以下三点:① 实验次数尽可能地少;② 便于分析和处理实验数据;③ 通过分析能得到满意的实验结论。

必须指出,实验设计科学、经济合理、取得良好的效果,并非是轻而易举就能做到的。实验参加者要具备有关实验设计领域的理论基础、知识、方法以及技巧,才能胜任这项工作。此外,做好实验设计工作还必须具有较深较广的专业技术理论知识和丰富的生产实践经验,只有把实验设计的理论、专业技术知识和实际经验三者紧密结合起来,才能取得良好的效果。

由此看来,实验设计的目的是获得实验条件与实验结果之间规律性的认识。一个良好的实验设计要经过方案设计、实验实施和结果分析三个阶段:在方案设计阶段,要明确实验的目的,即明确实验要达到什么目的,考核的指标和要求是什么,选择影响指标的主要因素有哪些以及因素变动的范围(即水平变化的范围)大小,制订出合理的实验方案(或称实验计划);在实验实施阶段,要根据实验方案进行实验,获得可靠的实验数据;在结果分析阶段,要采用多种方法对实验测得的数据进行科学的分析,找出哪些考查因素是主要的,哪些是次要的,并选取优化的生产条件或因素水平组合。

最后,还需指出,实验设计能从影响实验结果的特征值(指标)的多种因素中,判断出哪些因素显著,哪些因素不显著,并能对优化的生产条件所能达到的指标值及其波动范围给出定量的估计;同时,也能确定最佳因素水平组合或生产条件的预测数学模型(即所谓的经验公式)。因此实验设计适合解决多因素、多指标的实验优化设计问题,特别是当一些指标相互矛盾时,运用实验设计技术可以明确因素与指标间的规律,找出兼顾各指标的适宜的对系统寻优的方法。

1.2 实验设计中常用的概念

1.2.1 实验指标

在实验设计和数据处理中,通常把根据实验和数据处理的目的而选定用来考查或衡量其效果的特征值称为实验指标。实验指标可以是产品的质量、成本、效率和经济效益等。实验指标分为定量指标和定性指标两大类:定量指标有转化率、粗糙度、强度、硬度、增长率、寿命和成本等,可以通过实验直接获得,方便计算和数据处理。定性指标有颜色、光泽和气味等,它不是具体数值,一般要定量化后再进行计算和数据处理。实验指标可以是一个,也可以是几个,前者称为单指标实验设计,后者称为多指标实验设计。

1.2.2 实验因素

在实验设计和数据处理中,通常把对实验指标产生影响的原因或要素称为实验因素。

在利用高温电炉对样品进行灰化的实验中,温度一般为 $450\sim550\ ℃$,根据样品种类和待测组分的性质不同,选用不同材料的坩埚(石英、铂、瓷、聚四氟乙烯等材质)和灰化温度(如 $450\ ℃,500\ ℃,550\ ℃$)。其中,坩埚的不同材料和灰化温度是实验因素,而超痕量待测元素的值是实验指标。

因素一般用大写字母 $A,B,C,\cdots$ 表示。

因素有各种分类方法。最简单的分类方法是把因素分为可控因素和不可控因素。加热温度、熔化温度、球磨机的转速、起泡剂用量等人们可以控制和调节的因素,称为可控因素;球磨机的微振动、磁性转子微磨损等人们暂时不能控制和调节的因素,称为不可控因素。实验设计中,一般仅采用可控因素作为实验参数。

从因素的作用来看,可把因素分为可控因素、标示因素、区组因素、信号因素和误差因素,简介如下:

(1) 可控因素。可控因素是水平可以比较并且可以人为选择的因素,例如废旧石墨浮选回收实验中的入料浓度、起泡剂量和捕收剂量,电子产品中的电容值、电阻值,化工生产中的温度、压力、催化剂种类等。

(2)标示因素。标示因素是指外界的环境条件、产品的使用条件等因素。标示因素的水平在技术上虽已确定,但不能人为地选择和控制。属于标示因素的有产品使用条件,如破碎机的电压、频率和转速等,环境条件,如气温、湿度等。

(3)区组因素。区组因素是指具有水平,但其水平没有技术意义的因素,是为了减少实验误差而确定的因素。例如,加工某种零件时,不同的操作者、不同的原料批号、不同的班次、不同的机器设备等均是区组因素。

(4)信号因素。信号因素是为了实现人的某种意志或为了实现某个目标值而选取的因素。例如,对于切削加工来说,为达到某一目标值,可通过改变切削参数 v,s,t 实现,这时 3 个参数就是信号因素;在稳压电源电路设计中,调整输出电压与目标值的偏差,可通过改变电阻值达到,电阻就是信号因素。信号因素在采用信噪比设计方法时用得最多。

(5)误差因素。误差因素是指除上述可控因素、标示因素、区组因素、信号因素外,对产品质量特性值有影响(如在实验过程中的测量、仪器和环境条件等的影响)的其他因素的总称。也就是说,影响产品质量的外干扰、内干扰、随机干扰的总和就是误差因素。如果说如何规定零件特性值是可控因素的作用,那么,围绕目标值产生的波动,或者在使用期限内发生的老化、劣化,就是误差因素作用的结果。

1.2.3　因素的水平

实验因素在实验中所处的状态、条件的变化可能会引起实验指标的变化,我们把因素变化的各种状态和条件称为因素的水平。在实验中需要考虑某因素的几种状态时,则称该因素为几水平因素。如灰化实验中,灰化温度有 450 ℃、500 ℃ 和 550 ℃ 三种状态,则灰化温度这个实验因素为三水平因素。因素的水平应是能够直接控制的,并且水平的变化能直接影响实验指标有不同程度的变化。

水平通常用数字 1,2,3,… 表示。

1.2.4　实验效应

实验效应是指某因素由于水平发生变化所引起的实验指标发生变化的现象。

实例分析　考查某化学反应中温度(A)和反应时间(B)对产品转化率的影响。该实例考查的因素及水平如表 1.1 所示。

表 1.1　实验因素及水平表

水平＼因素	反应温度 A（℃）	反应时间 B（min）
1	60	50
2	80	60

考查指标为产品转化率（％）。

现安排如下实验并得到相应的实验结果，如表 1.2 所示。

表 1.2　实验安排及实验结果表

实验号	反应温度 A（℃）	反应时间 B（min）	转化率（％） 实验 I	转化率（％） 实验 II	平均值	差值
1	60	50	73	77	75	10(1,2)
2	60	60	83	87	85	10(3,4)
3	80	50	89	91	90	15(1,3)
4	80	60	78	82	80	5(2,4)

从表 1.2 可以看出，对于 1,2 号实验来说，因素 A 不变，因素 B 由 50 min 变为 60 min 时，转化率由 75％ 变为 85％，增加了 10％，这个变化值称为实验效应，即由于因素 B 的变化引起实验指标产品转化率的变化。其他几个实验与此相似。

1.3　常用实验设计方法

实验设计时，要明确实验的目的，根据不同的实验目的，选择合适的实验指标。一般而言，应选择最关键的因素效应、最敏感的参数作为实验指标。为了充分利用实验所得数据和信息，利用综合评价参数作为实验指标是值得推荐的。确定因素时，不能遗漏有显著性的因素，同时要考虑因素之间的交互作用。当因素的水平数不同时，应采用完全区组实验设计，即全组合实验设计。要安排适当的重复实验，减少实验的误差，提高实验指标的精度。

常用的实验设计方法有单因素优选法、析因实验设计方法、分割实验设计方法、正交实验设计方法、均匀实验设计方法、正交回归实验设计方法、信噪比实验设计方法、产品三次设计等，下面简单地介绍几种常用的实验设计方法。

1.3.1　单因素优选法

优选法就是根据生产和科研中的不同问题,利用数学原理,合理地安排实验,减少实验次数,以求迅速找到最佳点的一类科学方法。常用的单因素优选法有均分法、平分法、黄金分割法、分数法、抛物线法、预给要求法、比例分割法等。

1.3.2　正交实验设计方法

用正交表安排多因素实验的方法,称为正交实验设计方法。该方法是依据数据的正交性(即均匀搭配、整齐可比)来进行实验方案设计的。由于该方法应用广泛,为了方便起见,已经构造出了一套现成规格化的正交表。根据正交表的表头和其中的数字结构就可以科学地挑选实验条件(因素水平),合理地安排实验。它的主要优点是:① 能在很多的实验条件中选出代表性强的少数实验条件;② 根据代表性强的少数实验结果数据可推断出最佳的实验条件或生产工艺;③ 通过实验数据的进一步分析处理,可以提供比实验结果更多的对各因素的分析;④ 在正交实验的基础上,不仅可做方差分析,还能使回归分析等数据处理的计算变得十分简单。

1.3.3　均匀实验设计方法

均匀设计是一种只考虑实验点在实验范围内均匀散布的实验设计方法。与正交实验设计类似,均匀设计也是通过一套精心设计的均匀表来安排实验的。当实验因素变化范围较大,需要取较多水平时,可以极大地减少实验次数。

1.4　实验结果的数据处理

实验数据的处理与分析是实验设计与分析的重要组成部分。在生产和科学研究中,会碰到大量的实验数据,实验数据的正确处理关系到能否达到实验目的、得出明确结论。如何从这些杂乱无章的实验数据中取出有用的"情报"帮助解决问题,用于指导科学研究和生产实践? 为此需要选择合理的实验数据分析方法对实验数据进行科学的处理和分析,只有这样才能充分有效地利用实验测试信息。

实验数据分析通常建立在数理统计的基础上。在数理统计中就是通过随机变量的观察值(实验数据)来推断随机变量的特征的,例如变化趋势和变化幅度。数理统计是广泛应用的一个数学分支,它以概率论为理论基础,根据实验或观察所得的数据,对研究对象的客观规律做出合理的估计和判断。

1.4.1 常用统计量

1. 极差

极差是一组数据中的最大值与最小值之差,其计算公式为

$$R = x_{\max} - x_{\min} \tag{1.1}$$

极差表示一组数据的最大离散程度,它是统计量中最简单的一个特征参数,在实验设计及实际生产中经常被用到。

2. 一组数据的和与平均值

在实验设计和数据处理中,设有 n 个观察值 $x_1, x_2, \cdots, x_n$,我们称之为一组数据。这组数据的和与平均值分别为

$$T = x_1 + x_2 + \cdots + x_n = \sum_{i=1}^{n} x_i \tag{1.2}$$

$$\bar{x} = \frac{T}{n} = \frac{1}{n} \sum_{i=1}^{n} x_i \tag{1.3}$$

3. 偏差

偏差又称为离差。偏差在数理统计中一般有两种:一种是与期望值 μ 的偏差,另一种是与平均值 $\bar{x}$ 之间的偏差。在实验设计和数据处理中,往往不知道期望值 μ,而很容易知道平均值 $\bar{x}$,所以常常把与平均值 $\bar{x}$ 之间的偏差做统计量以进一步分析研究。

设有 n 个观察值 $x_1, x_2, \cdots, x_n$,则把每个观察值 $x_i (i=1,2,\cdots,n)$ 与平均值 $\bar{x}$ 的差值称为与平均值之间的偏差,简称偏差。

很显然,与平均值 $\bar{x}$ 之间的偏差的总和为零,即

$$(x_1 - \bar{x}) + (x_2 - \bar{x}) + \cdots + (x_n - \bar{x}) = \sum_{i=1}^{n} (x_i - \bar{x}) = 0 \tag{1.4}$$

4. 偏差平方和与自由度

由式(1.4)可知,一组数据与其平均值的各个偏差有正数、负数或零,因此各偏差值的总和为零。所以偏差和不能表明这组数据的任何特征。如果消除各个偏差正、负的影响,即以偏差平方和作为这组数据的一个统计量,则偏差平方和能够表征这组数据的分散程度,常以 S 表示。

设有 n 个观察值 $x_1, x_2, \cdots, x_n$，其平均值为 $\bar{x}$，则偏差平方和为

$$S = (x_1 - \bar{x})^2 + (x_2 - \bar{x})^2 + \cdots + (x_n - \bar{x})^2 = \sum_{i=1}^{n} (x_i - \bar{x})^2 \qquad (1.5)$$

简单地说，自由度就是在偏差平方和中独立平方的数据的个数，用 f 表示。平均值 $\bar{x}$ 的自由度是数据的个数减去 1，即 $f = n - 1$。原因是 n 个偏差 $x_1 - \bar{x}, x_2 - \bar{x}, \cdots,$ $x_n - \bar{x}$ 相加之和等于零，即

$$x_1 - \bar{x} + x_2 - \bar{x} + \cdots + x_n - \bar{x} = 0$$

n 个偏差数中有 $n-1$ 个数是独立的，第 n 个数可由以上关系式确定，这说明第 n 个数受其他 $n-1$ 个独立的数约束。故若有 n 个观察值，则与平均值 $\bar{x}$ 的偏差平方和的自由度应为 $n-1$，即

$$f = n - 1 \qquad (1.6)$$

5. 方差与均方差

由于测量数据的个数对偏差平方和的大小有明显的影响，有时尽管数据之间的差异不大，但当数据很多时，偏差平方和仍然较大。为了克服这一缺点，可以用方差来表征这组数据的分散程度。

方差也称为均方或平均偏差平方和，它表示单位自由度的偏差大小，即偏差平方和 S 与自由度 f 的比值 V，V 即方差：

$$V = \frac{S}{f} \qquad (1.7)$$

均方差也称为标准偏差。由方差 V 的计算式(1.7)可知，方差 V 的量纲为观察数据 x_i 的量纲的平方，为了与原特性值的量纲相一致，可采用方差 V 的平方根 $\sqrt{V}$ 作为一组数据离散程度的特征参数，用 s 表示：

$$s = \sqrt{V} = \sqrt{\frac{S}{f}} = \sqrt{\frac{1}{n-1} \sum_{i=1}^{n} (x_i - \bar{x})^2} \qquad (1.8)$$

6. F 值或方差比

F 值用于 F 检验，其计算公式为

$$F = \frac{V}{V_e} \qquad (1.9)$$

式中，V 可表示总的方差 V_T，也可只表示因素或交互作用的方差，如 V_A，V_B，V_{AB}，$\cdots$。用 F 检验时，将计算所得 F 值与 F 分布表查出的临界值 $F_{\alpha}(f_1, f_2)$ 比较，可得出因素是否显著的结论。$F_{\alpha}(f_1, f_2)$ 中，f_1 为因素偏差平方和的自由度，称为第一自由度；f_2 为误差偏差平方和的自由度，称为第二自由度。α 为显著性水平、检验水平或置信度，一般取 $\alpha = 0.01, 0.05, 0.10, \cdots$。

1.4.2　实验结果分析方法

1. 直观分析方法

直观分析方法是通过对实验结果的简单计算,直接分析、比较,确定最佳效果。直观分析方法主要解决以下两个问题:

(1) 确定因素最佳水平组合。该问题归结为找到各因素分别取何水平时,所得到的实验结果会最好。这一问题可以通过计算出每个因素每个水平的实验指标值的总和与平均值,通过比较来确定最佳水平。

(2) 确定影响实验指标因素的主次地位。该问题可以归结为将所有影响因素按其对实验指标的影响大小进行排队。解决这一问题采用极差法,某个因素的极差定义为该因素在不同水平下的指标平均值的最大值与最小值之间的差值。极差的大小反映了实验中各个因素对实验指标影响的大小,极差大表明该因素对实验结果的影响大,是主要因素;反之,极差小表明该因素对实验结果的影响小,是次要因素或不重要因素。

值得注意的是,根据直观分析得到的主要因素不一定是影响显著的因素,次要因素也不一定是影响不显著的因素,因素影响的显著性需通过方差分析确定。

直观分析方法的优点是简便、工作量小,缺点是判断因素效应的精度差,不能给出实验误差大小的估计,在实验误差较大时,往往可能造成误判。

2. 方差分析方法

简单地说,把实验数据的波动分解为各个因素的波动和误差波动,然后,将它们的平均波动进行比较,这种方法称为方差分析。方差分析方法的中心要点是把实验数据总的波动分解成两部分:一部分反映因素水平变化引起的波动;另一部分反映实验误差引起的波动,即把实验数据总的偏差平方和(S_T)分解为反映必然性的各个因素的偏差平方和(S_A,S_B,$\cdots$)与反映偶然性的误差平方和(S_e),并计算比较它们的平均偏差平方和,以找出对实验数据起决定性影响的因素(即显著性或高度显著性因素)作为进行定量分析判断的依据。

方差分析方法的优点主要是能够充分地利用实验所得数据估计实验误差,可以将各因素对实验指标的影响从实验误差中分离出来,是一种定量分析方法,可比性强,分析判断因素效应的精度高。

3. 因素-指标关系趋势图分析方法

计算各因素各个水平的平均实验指标,采用因素的水平作为横坐标,采用各水平的平均实验指标作为纵坐标绘制因素-指标关系趋势图,找出各因素水平与实验指标间的变化规律。

因素-指标关系趋势图分析方法的主要优点是简单、计算量小、实验结果直观明了。

4. 回归分析方法

回归分析方法是用来寻找实验因素与实验指标之间是否存在函数关系的一种方法。一般回归方程的表示方法如下:

$$y = b_0 + b_1 x_1 + b_2 x_2 + b_3 x_3 + \cdots + b_n x_n$$

在实验过程中,实验误差越小,则各因素 x_i 变化时,得出的指标 y 越精确。因此,利用最小二乘法原理,列出正规方程组,解这个方程组,求出回归方程的系数,代入并求出回归方程。至于所建立的回归方程是否有意义,要进行统计假设检验。

回归分析的主要优点是应用数学方法对实验数据去粗取精,去伪存真,从而得到事物内部规律。

在实验数据处理过程中,可以根据需要选用不同的实验数据分析方法,也可以同时采用几种分析方法。

1.5　实验数据中的误差控制

1.5.1　实验误差

在实验过程中,由于环境的影响,实验方法和所用设备、仪器的不完善以及实验人员的认识能力所限等原因,实验测得的数值和真值之间存在一定的差异,在数值上即表现为误差。随着科学技术的进步和人们认识水平的不断提高,虽可将实验误差控制得越来越小,但始终不可能完全消除它,即误差的存在具有必然性和普遍性。在实验设计中应尽力控制误差,使其尽量减小,以提高实验结果的精确性。误差按其特点与性质可分为系统误差、随机误差、粗大误差三类误差。

1. 系统误差

系统误差是由于偏离测量规定的条件,或者测量方法不合适,按某一确定的规律所引起的误差。在同一实验条件下,多次测量同一量值时,系统误差的绝对值和符号保持不变,或在条件改变时,按一定规律变化。例如,标准值的不准确、仪器刻度的不准确而引起的误差都是系统误差。

系统误差是由按一定规律变化的因素所造成的,这些误差因素是可以掌握的。具体来说,有以下 4 个方面的因素:

(1) 测量人员:由于测量者的个人特点,在刻度上估计读数时,习惯偏于某一方向;动态测量时,记录某一信号,有滞后的倾向。

(2) 测量仪器装置:仪器装置结构设计原理存在缺陷,仪器零件制造和安装不正确,仪器附件制造有偏差。

(3) 测量方法:采取近似的测量方法或近似的计算公式。

(4) 测量环境:测量时的实际温度相对于标准温度有偏差,测量过程中温度、湿度等按一定规律变化。

对系统误差的处理办法是发现和掌握其规律,尽量避免和消除。

2. 随机误差

在同一条件下,多次测量同一量值时,其绝对值和符号以不可预计的方式变化着的误差,称为随机误差(或称偶然误差),即对系统误差进行修正后,还出现的观测值与真值之间的误差。例如,仪器仪表中传动部件的间隙和摩擦,连接件的变形等引起的示值不稳定等都是偶然误差。这种误差的特点是在相同的条件下,少量地重复测量同一个物理量时,误差有时大有时小,有时正有时负,没有确定的规律,且不可能预先测定。但是当观测次数足够多时,随机误差完全遵守概率统计的规律,即这些误差的出现没有确定的规律,但就误差总体而言,具有统计规律。

随机误差是由很多暂时未被掌握的因素构成的,主要有以下 3 个方面的因素:

(1) 测量人员:瞄准、读数不稳定等。

(2) 测量仪器装置:零部件、元器件配合不稳定,零部件变形,零件表面油膜不均、有摩擦等。

(3) 测量环境:测量温度微小波动,湿度、气压微量变化,光照强度变化,灰尘、电磁场变化等。

因为随机误差是实验者无法严格控制的,所以随机误差一般是不可完全避免的。

对一个实际测量的结果进行统计分析,就可以发现随机误差的特点和规律,如表 1.3 所示。

表 1.3　测量值分布表

区　间	1	2	3	4	5	6	7
测量值 x_i	4.95	4.96	4.97	4.98	4.99	5.00	5.01
误差 $\triangle x_i$	−0.06	−0.05	−0.04	−0.03	−0.02	−0.01	0
出现次数 n_i	4	6	6	11	14	20	24
频率 f_i	0.027	0.04	0.04	0.073	0.093	0.133	0.16
区　间	8	9	10	11	12	13	14
测量值 x_i	5.02	5.03	5.04	5.05	5.06	5.07	5.08
误差 $\triangle x_i$	0.01	0.02	0.03	0.04	0.05	0.06	0.07
出现次数 n_i	17	12	12	10	8	4	2
频率 f_i	0.113	0.08	0.08	0.067	0.053	0.027	0.013

　　表 1.3 中观测总次数 $n=150$,其测量值的算术平均值为 5.01,共分 14 个区间,每个区间的间隔为 0.01。为直观起见,把表中的数据画成频率分布的直方图(图 1.1),从图中便可分析归纳出随机误差的以下四大分配律。

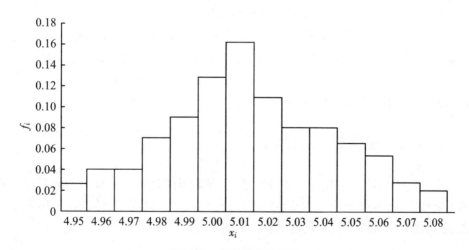

图 1.1　频率分布直方图

　　(1) 随机误差的有限性。在某种确定的条件下,误差的绝对值不会超过一定的限度。表 1.3 中的 $\triangle x_i$ 均不大于 0.07,可见绝对值很大的误差出现的概率近于零,即误差有一定限度。

　　(2) 随机误差的单峰性。绝对值小的误差出现的概率比绝对值大的误差出现的概率大,最小误差出现的概率最大。表 1.3 中 $|\triangle x_i| \leqslant 0.03$ 的次数为 110 次,其中 $|\triangle x_i| \leqslant 0.01$ 的次数为 61 次,而 $|\triangle x_i| > 0.03$ 的次数为 40 次,可见随机误差的分布呈单峰形式。

（3）随机误差的对称性。绝对值相等的正负误差出现的概率相等。表 1.3 中正误差出现的次数为 65 次，而负误差为 61 次，两者出现的频率分别为 0.433 和 0.407，大致相等。

（4）随机误差的抵偿性。在多次、重复测量中，由于绝对值相等的正负误差出现的次数相差不大，所以全部误差的算术平均值随着测量次数的增加趋于零，即随机误差具有抵偿性。抵偿性是随机误差最本质的统计特性，凡是具有相互抵偿性的误差，原则上都可以按随机误差来处理。

由随机误差的特点和规律可知，多次实验值的平均值的随机误差比单个实验值的随机误差小，故可以通过增加实验次数来减小随机误差。

随机误差决定了测量的精密度，它产生的原因还不清楚，由于它总体上遵守统计规律，因此理论上可以计算出它对测量结果的影响。

3. 粗大误差

明显歪曲测量结果的误差称为粗大误差（或称过失误差）。凡包含粗大误差的测量值均称为坏值。例如，测量者在测量时对错了标志、读错了数、记错了数等。因而只要实验者提高工作责任心，粗大误差就可以完全避免。

发生粗大误差主要有以下两个方面的原因：

（1）测量人员的主观原因：由于测量者责任心不强，工作过于疲劳，缺乏经验而操作不当，或在测量时不仔细、不耐心、马马虎虎等，造成读错、听错、记错等。

（2）客观条件变化的原因：测量条件意外地改变（如外界震动等），引起仪器示值或被测对象位置的改变而造成粗大误差。

1.5.2　实验数据的精准度

误差的大小可以反映实验结果的好坏，误差可能是由于随机误差或系统误差单独造成的，还可能是由于两者的叠加造成的。为了说明这一问题，引出了精密度、正确度和准确度这三个表示误差性质的术语。

1. 精密度

精密度反映了随机误差大小的程度，是指在一定的实验条件下，多次实验的彼此符合程度。如果实验数据分散程度较小，则说明是精密的。

例如甲、乙两人对同一个量进行测量，得到两组实验值：

$$甲:11.45,\quad 11.46,\quad 11.45,\quad 11.44$$
$$乙:11.39,\quad 11.45,\quad 11.48,\quad 11.50$$

很显然甲组数据的彼此符合程度好于乙组，故甲组数据的精密度较高。

实验数据的精密度是建立在数据用途基础之上的，对某种用途可能认为是很精密的数据,但对另一用途可能显得不精密。

由于精密度表示了随机误差的大小,因此对于无系统误差的实验,可以通过增加实验次数来达到提高数据精密度的目的。如果实验过程足够精密,则只需少量几次实验就能满足要求。

2. 正确度

正确度反映了系统误差的大小,是指在一定的实验条件下所有系统误差的综合。

由于随机误差和系统误差是两种不同性质的误差,因此对于某一组实验数据而言,精密度高并不意味着正确度也高;反之,精密度不高,但当实验次数相当多时,有时也会得到高的正确度。精密度和正确度的区别和联系可通过图 1.2 得到说明。

(a) 精密度高,正确度不高　　(b) 精密度不高,正确度高　　(c) 精密度高,正确度高

图 1.2　精密度和正确度的关系

3. 准确度

准确度反映了系统误差和随机误差的综合,表示了实验结果与真值的一致程度。

如图 1.3 所示,假设实验 A,B,C 都无系统误差,实验数据服从正态分布,而且对应着同一个真值,则可以看出 A,B,C 的精密度依次降低。由于无系统误差,故 3 组数的极限平均值(实验次数无穷多时的算术平均值)均接近真值,即它们的正确度是相当的。如果将精密度和正确度综合起来,则 3 组数的准确度从高到低依次为 A,B,C。

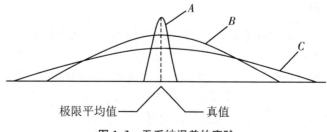

图 1.3　无系统误差的实验

如图 1.4 所示,假设实验 A',B',C'都有系统误差,实验数据服从正态分布,而且对应着同一个真值,则可以看出 A',B',C'的精密度依次降低。由于都有系统误差,3 组数的极限平均值均与真值不符,所以它们是不准确的。但是,如果考虑到精密度因素,则图 1.4 中 A'的大部分实验值可能比 B'和 C'的实验值准确。

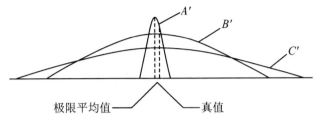

图 1.4　有系统误差的实验

通过上面的讨论可知:① 对实验结果进行误差分析时,只讨论系统误差和随机误差两大类,而坏值在实验过程和分析中要随时剔除;② 一个精密的测量(即精密度很高、随机误差很小的测量)可能是正确的,也可能是错误的(当系统误差很大,超出了允许的限度时)。所以,只有消除了系统误差之后,随机误差越小的测量才是既正确又精密的,此时称它是精确(或准确)的测量,这也正是人们在实验中所要努力争取达到的目标。

1.5.3　误差控制——费希尔三原则

统计推断是利用实验数据提供的信息进行的。不管是误差,还是平均值之差都来源于实验数据,因此如何保证实验数据的真实可靠性,便成了一个极为重要的问题。

所谓真实可靠,就是要实现结果的再现性,正确地估计出误差值。这就要求在进行实验设计时,对实验设计和各种误差加以妥善处理,这就是通常所说的实验误差控制问题。在实验设计中有一套独特的方法,称之为费希尔(Fisher)三原则。

1. 重复测量原则

增加实验重复测量次数,不仅可以减少误差,而且还可以提高实验指标的精度。随着实验重复测量次数的增加,平均值更加靠近真值,误差值缩小。所以,在通常的条件下都进行重复测量,以达到满意的效果。同时只有经过重复实验,才能计算出标准误差,进一步进行无偏估计和统计假设检验。

此外,在实验设计中,实验误差是客观存在和不可避免的。实验设计的任务之一就是尽量地减少误差和正确地估计误差。若只做一次实验,就很难从实验结果中估计出实验误差,只有设计几次重复实验,才能根据同样实验条件下取得的多个数据的差异,把误差估计出来。同一条件下实验重复次数越多,实验的精度越高。因此,在条件允许时应尽量多做几次重复实验。但重复实验次数并非越多越好,因为无指导地盲目进行多次重复实验不仅无助于实验误差的减少,而且会造成人力、物力、财力和时间的浪费。

2. 随机化原则

在实验过程中,环境变化也会造成系统误差,因而要求在实验过程中保持环境条件稳定。但是,某些条件的变化难以控制,因此如何组织实验,消除或尽量减轻环境等条件变化带来的影响,就成了一个值得注意的问题。

例如,用两台分析天平称重时,由于零点调整的不同,其中一台测得的数值可能偏大,而另一台称出的数值却始终偏低,结果将产生系统误差。在这种情况下,可以在实验结束时,再校正一次零点进行修正。随机化就是解决这种问题的有效方法。打乱测定的次序,不按固定的次序进行读数,这就是随机化方法。随机化是使系统误差转化为偶然误差的有效方法。系统误差的种类有很多,环境条件的变化、实验人员的水平和习惯、原材料的材质、设备条件等都会引起系统误差。有的系统误差既容易发现,也容易消除;有的系统误差虽然可以发现,但消除它却很困难,有时甚至不能消除;还有一些系统误差却很难发现。上述天平零点不准而引起的误差就属于第一类。再如农业实验中由于地理差异所引起的系统误差,虽然知道它存在,但消除它要消耗很大物力,而且效果也是值得怀疑的,这类系统误差就属于第二类。总之,在实验设计中都把随机化作为一个重要原则加以贯彻实施。除抽签和掷骰子外,还常用随机数法进行随机化。同样地,也要从统计理论的高度去理解它的意义。统计学中所处理的样本都是随机样本,不管是有意识地或者是无意识地破坏了样本的随机性质,都破坏了统计的理论基础。

3. 局部控制原则

对某些系统误差,虽然实行随机化的方法使系统误差具有了随机误差的性质,使系统误差的影响降低,但有时系统误差还是很大。为了更有效地消除它们的影响,对诸如产地、原材料以及实验日期等,除实行随机化外,还在组织或设计实验时实施区组控制的原则。区组控制是按照某一标准将实验对象进行分组,所分的组称为区组。在区组内实验条件一致或者相似,因此数据波动小,而实验精度却较高,误差必然减少。区组之间的差异较大。这种将待比较的水平设置在差异较小的区组内以减少实验误差的原则,称为局部控制原则。当实验规模大时,各实验之间的差异较大,采用完全随机化设计,会使实验误差过大,有碍于将来的判断,在这种情况下,常根据局部控制的原则,将整个实验区划分为若干个区组,在同一区组内按随机顺序进行实验,这就是随机区组实验。区组实验实际上是配对实验法的推广。在每一个区组中,如果每一个因素的所有水平都出现,称为完全区组实验。

假设需要比较一种处理方法(如用不同方式制备的 5 批材料或反应的 5 种温度)的效应,为了减少实验误差造成的不确定性,决定对每种材料进行 3 次处理实验,总共做 15 次实验,则理想的设计应该是除各种处理中应有的条件偏差外能使 15 次实验在相同的条件下进行。但在实际中或许无法做到这一点,如不可能制备出足够 15 次实验用的质量相同的原材料,但足以满足 5 次实验使用。因此实验过程可以这样安排:在不必完全相同的 3 个齐性校验的每一批上,实现全部 5 种处理,这样,批与批间的差异就不影响处理的比较了。例如片状材料的实验,最典型的如橡胶,假如要检验橡胶 5 种处理方法的效率,而原料是大片橡胶,可以设想,从这一大片橡胶的不同部位切下 3 片,每片再一分为五,即共进行 3 组、每组 5 次的实验比较。这样,组与组之间的差异就不会影响 5 种处理的比较了。若从该片橡胶上随机切取 15 块,并随机地实行 5 种处理,实验的精确性就会大大降低,因为材料的不均匀性会增大实验误差。

在上述橡胶的实验中,切取的每一大片分成的一个 5 块的组称为一个区组。为了预防同一区组内的系统误差,应按随机顺序安排区组内的处理,用这种方法得到的结果就是一个随机化区组设计。

第2章 物料的预处理

二次资源多以废弃产品或副产品的形态存在,物料成分复杂、形貌多样、物理化学性质差异很大,因此,直接进行资源化加工的难度较大。为了使物料性质满足后续处理或最终处理工艺的需要,应对物料进行预处理。常见的固体废弃物预处理包括压实、破碎、筛分、简单分选、脱水、固化/稳定化、物性条理等。考虑到固体废弃物的性质和样品检测的需要,本书中的预处理主要涉及破碎、筛分、消解(详见4.1节)等工艺。

2.1 破 碎

2.1.1 破碎的基本原理

为了使进入焚烧炉、填埋场、堆肥系统等废弃物的外形减小,必须预先对固体废弃物进行破碎处理。经过破碎处理的固体废弃物,由于消除了大的空隙,不仅尺寸均匀,而且质地也均匀,在填埋过程中更容易压实。

通常粉碎产品的粒度在 $1\sim5$ mm 的作业称为破碎(crush 或 disintegration)。脆性材料在打击或冲击力的作用下,当达到压缩强度极限时,试件将沿纵向破坏,如果瞬时卸去作用力,则只产生压缩性破坏;如果继续施加外力,则已破坏的材料将进一步碎裂,这就是破碎。物料在打击或冲击力的作用下,在颗粒内部产生向四方传播的应力波,并在内部缺陷、裂纹、晶粒界面等处产生应力集中,首先沿这些脆弱面破碎,破碎产品内部微观裂纹和脆弱面的数目相对地减少了,破碎产品的强度较破碎前物料的强度高。

2.1.2 破碎的分析方法

实践中常以石英作为标准的中硬矿石,将其可碎性系数定为1,硬矿石的可碎性系数都小于1,而软矿石则大于1。在资源加工实践中,通常按普氏硬度将岩石分为 5 个等级,以此来表示岩石破碎的难易程度,如表 2.1 所示。

表 2.1　岩石普氏硬度等级

硬度等级	σ_p (kg/cm^2)	普氏硬度系数	可碎性系数	可磨性系数	岩石实例
很软	<200	<2	1.3~1.4	2	石膏、石板岩
软	200~800	2~8	1.1~1.2	1.25~1.4	石灰石、泥灰岩
中硬	800~1600	8~16	1	1	硫化矿、硬质页岩
硬	1600~2000	16~20	0.9~0.95	0.7~0.85	铁矿、硬砂岩
很硬	>2000	>20	0.65~0.75	0.5	硬花岗岩、含铁石英岩

固体废弃物的破碎方法有很多,主要有冲击破碎、剪切破碎、挤压破碎、摩擦破碎等,此外还有特殊的低温破碎和混式破碎等。根据固体废弃物的破碎原理,破碎方法可分为压碎、剪切、折断、磨削、冲击和劈裂等,如图 2.1 所示。

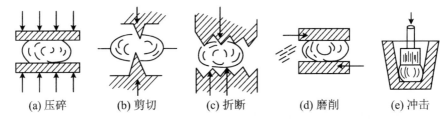

(a) 压碎　　　(b) 剪切　　　(c) 折断　　　(d) 磨削　　　(e) 冲击

图 2.1　破碎原理图

选择破碎方法时,需视固体废弃物的机械强度,特别是硬度而定。对于脆硬性废弃物,如各种废石和废渣等,宜采用挤压、劈裂、冲击和磨削破碎;对于柔硬性废弃物,如废钢铁、废汽车、废器材和废塑料等,多采用冲击或剪切破碎;对于一般粗大固体废弃物,往往不是直接将它们送进破碎机,而是先剪切、压缩,再送入破碎机。

近年来,低温冷冻粉碎、湿式破碎和超声波粉碎等一些特殊的破碎方法也得到了实际应用,如利用低温冷冻粉碎法粉碎废塑料及其制品、废橡胶及其制品、废电线等。

2.1.3　仪器结构与原理

基于破碎原理和破碎方法,人们制造出了各种破碎设备。常用的固体废弃物粗碎设备有冲击式破碎机、颚式破碎机、辊式破碎机、剪切式破碎机等,细碎设备有胶体磨、球磨机等,此外,还有冷冻破碎和湿式破碎等特殊的破碎设备。

(1) 冲击式破碎机

冲击式破碎机通过冲击作用进行废弃物的破碎处理。在固体废弃物破碎方面,应用较多的是锤式破碎机和反击式破碎机(图 2.2、图 2.3)。

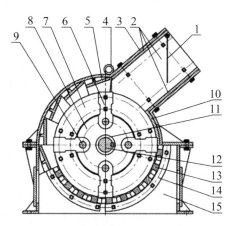

图 2.2　锤式破碎机结构示意图

1. 挡板;2. 口护板;3. 机壳;4. 吊环;5. 反击板;6. 锤头;7. 边护板;
8. 转子盘;9. 转子轴;10. 前护板;11. 隔环套;12. 传动轴;13. 筛条;
14. 支筛板;15. 检查门

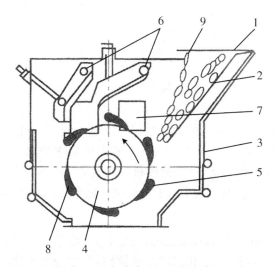

图 2.3　反击式破碎机结构示意图

1. 进料口;2. 进料筛板;3. 机体;4. 转子;5. 锤头;6. 反击板;
7. 第一破碎腔;8. 第二破碎腔;9. 链条

锤式破碎机的工作过程是:固体废弃物自上部给料口给入机内,立即受到高速旋转的锤片的打击、冲击、剪切、研磨等而被破碎。电动机带动锤片高速旋转,锤片以铰链方式安装在圆盘的销轴上,可以在销轴上摆动。在锤片的下部设有筛板,破碎物料中小于筛孔尺寸的细粒通过筛板排出,大于筛孔尺寸的粗粒则被阻留在筛板上,并继续受到锤片的打击和研磨,直到达到一定颗粒度后,通过筛板排出。锤片是破碎机最重要的工作机件,通常用高锤钢或其他合金钢等制成。由于锤子前端磨损较快,设计时应考虑到锤子磨损后能上下或前后调头使用。

反击式破碎机是一种新型冲击式破碎设备。该机装有两块冲击板,其上装有两个固定刀,机腔中心装有一个旋转打击刀。进入机内的废弃物,首先受到旋转刀的打击,然后受到两个固定刀的二次打击,破碎的废弃物由底部排出。

该机具有破碎比大、适应性强、构造简单、易于维护等优点,适合破碎家具、器具、电视机、草垫等多种大型固体废弃物。

(2) 颚式破碎机

电动机通过皮带使偏心轴旋转时,垂直连杆即上下运动。当垂直连杆向上运动时,带动两块肘板逐渐伸平,肘板迫使可动颚板向固定颚板推进,破碎腔(即由固定颚板和动颚组成的空间)中的固体物料受到挤压、劈裂、折屈作用而破碎;当垂直连杆向下运动时,肘板和可动颚板借弹簧和拉杆之力向后退,此时排料口增大,被破碎的物料由此排出。可见颚式破碎机是间断破碎物料的,偏心轴每转一转只有半个周期用于破碎,其后半个周期用于排料。所以它与其他连续破碎机械相比功耗较大,机械效率较低,如图2.4所示。

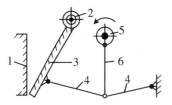

图2.4　颚式破碎机工作示意图
1. 固定颚;2. 动颚悬挂轴;3. 动颚;
4. 前(后)推力板;5. 偏心轴;6. 连杆

影响颚式破碎机工作的主要因素有啮角与转数等。啮角就是动颚与定颚之间的夹角。根据计算,最大啮角可达32°,而实际使用中都小于25°,一般为18°~20°。啮角太大,会使破碎腔中的物料向上挤出,以致伤人或损坏其他设备,同时随着啮角增大(破碎比加大),生产率下降。调节排料口的大小,也就改变了啮角的大小。在实际生产中,要根据排料粒度的要求来调节排料口的大小。因此,在保证产品粒度的前提下,尽量把排料口放大是合理的。排料口大小可以通过调节块来调节,在调节排料口大小时要注意破碎比和生产率之间的相互关系。

(3) 胶体磨

胶体磨(图2.5)的工作原理是由电动机通过皮带传动带动转齿(或称为转子)与相配的定齿(或称为定子)做相对的高速旋转,其中一个高速旋转,另一个静止,被加工物料通过本身的重量或外部压力(可由泵产生)加压产生向下的螺旋冲击力,通过定、转齿之间的间隙(间隙可调)时受到强大的剪切力、摩擦力、高频振动、高速旋涡等物理作用,使物料被有效地乳化、分散、均质和粉碎,达到物料超细粉碎及乳化的效果。胶体磨特别适合于胶体溶液、超细悬浮液和乳液的生产。

锥形磨(图2.6)是在胶体磨基础上进一步优化的产品,有着技术创新。锥形磨的锥形转子和定子之间有一个宽的入口间隙和窄的出口间隙,在工作中,分散头偏心运转使溶液出现涡流,因此可以达到更好的研磨分散效果。锥形刀具间隙可调节至最小,来减小颗粒粒径,从而可获得更细的悬浮液。锥形磨转子表面含高质材料,如金属碳化物或不同颗粒的陶瓷,具有极好的粉碎效果,在强剪切区域内亦可受到保护,防止被磨损或腐蚀。根据物料黏度情况的不同,可以灵活调节间隙,保证处理效果的均一。

图 2.5　ZNM-50 型胶体磨　　　　　图 2.6　QZM 型锥形磨

胶体磨研磨转子为三级错齿结构,锥形磨为一级,但锥形磨的转子表面含有高质材料,如金属碳化物或陶瓷涂层,具有极好的粉碎效果。

(4) 球磨机

球磨机是由水平的筒体、进出料空心轴及磨头等部分组成的,筒体为长形圆筒,筒内装有研磨体,筒体为钢板制造,有钢制衬板与筒体固定;研磨体一般为钢制圆球,也可用钢段,并按不同直径和一定比例装入筒中。根据研磨物料的粒度加以选择,物料由球磨机进料端空心轴装入筒体内,当球磨机筒体转动的时候,研磨体由于惯性和离心力、摩擦力的作用,附在筒体衬板上被筒体带走,当被带到一定高度的时候,由于其本身的重力作用而被抛落,下落的研磨体像抛射体一样将筒体内的物料击碎。行星式球磨机(图 2.7)的工作原理是利用磨料与试料在研磨罐内高速翻滚,对物料产生强力剪切、冲击、碾压从而达到粉碎、研磨、分散、乳化物料的目的。行星式球磨机在同一转盘上装有 4 个球磨罐,当转盘转动时,球磨罐在绕转盘轴公转的同时又围绕自身轴心自转,做行星式运动。罐中磨球在高速运动中相互碰撞、

图 2.7　XGB04 型行星式球磨机

研磨和混合样品。该产品能用干、湿两种方法研磨和混合粒度不同、材料各异的产品,研磨产品最小粒度可至 0.1 μm,能很好地实现各种工艺参数要求,同时具有小批量、低功耗、低价位的优点。

2.1.4 固体废弃物的破碎实验

1. 实验目的

(1) 了解实验室用的破碎机结构和工作原理。

(2) 学习掌握破碎机排料口的调整和测量方法。

(3) 计算破碎效率和细粒增量。

2. 实验原理

破碎是指通过外力的作用,使小块固体废弃物颗粒分裂成细粉的过程。对固体废弃物而言,破碎是使用最多的处理方式之一。破碎处理具有如下作用:

(1) 使废弃物均匀化。破碎使原来不均匀的废弃物均匀一致,可提高焚烧、热解、熔融、压缩等作业的稳定性和处理效率。

(2) 增加废弃物容重,减少废弃物体积。破碎便于垃圾的压缩、运输、储存,节约填埋用地,降低运输成本。

(3) 便于材料的分离回收。破碎可使原来黏结在一起的异种材料等单体分离出来,有利于从中分选、拣选、回收有价值的物质和材料。

(4) 防止粗大、锋利的废弃物损坏分选、焚烧、热解等处理处置设备。

在破碎的过程中,废弃物粒度与破碎产物粒度的比值称为破碎比。破碎比表示废弃物粒度在破碎过程中减少的倍数,主要用于表征废弃物被破碎的程度。破碎机的能量消耗和处理能力都与破碎比有关。通常采用废弃物破碎前的平均粒度 D_{CP} 与破碎后的平均粒度 d_{CP} 之比来计算破碎比 i,即

$$i = D_{CP}/d_{CP} \qquad (2.1)$$

一般破碎机的平均破碎比为 3~30,磨碎机的破碎比可达 40~400。

物料经破碎机破碎后,产物的粒度组成反映了破碎机的破碎效果,在生产过程中,常用破碎效率和细粒增量来评价破碎效果。

破碎机的破碎效率按下式计算:

$$\eta_p = \frac{\beta_{-d} - \alpha_{-d}}{\alpha_{+d}} \cdot 100\% \qquad (2.2)$$

式中,η_p 为破碎效率(有效数字取到小数点后一位);α_{+d} 为入料中大于要求破碎粒度 d 的含量;α_{-d} 为入料中小于要求破碎粒度 d 的含量;β_{-d} 为排料中小于要求破碎粒度 d 的含量。

破碎产品中的细粒增量按式(2.3)计算:

$$\Delta = \beta_{-a} - \alpha_{-a} \tag{2.3}$$

式中,Δ 为细粒增量(有效数字取到小数点后一位),用%表示;β_{-a} 为排料中的细粒含量,用%表示;α_{-a} 为入料中的细粒含量,用%表示。细粒含量均按小于 0.5 mm 的固体废弃物含量计算。

3. 仪器设备及材料

实验设备:颚式破碎机,电子天平(量程 200 g 或 500 g,精度 0.2 g 或 0.5 g)。

实验器皿:标准套筛(直径 200 mm,孔径 6 mm,0.5 mm,0.25 mm,0.125 mm,0.075 mm,0.045 mm 的筛子各 1 个,底、盖各 1 套),毛刷 1 把,插尺、外卡尺、直尺各 1 把。

实验材料:小于 25 mm 的矸石 10 kg。

4. 仪器设备的使用方法

(1) 排料口的调整借助楔块来实现。

(2) 排料口的测量:排料口的大小可采用机械工业使用的外卡尺或插尺进行测量。

5. 实验步骤

(1) 称取矸石 10 kg 左右,将破碎机排料口宽度调整为 6 mm(此时 6 mm 即破碎粒度),然后开机给入物料。经破碎的物料分别用 6 mm 和 0.5 mm 的筛子再依次筛分并分别称重。

(2) 将 -0.5 mm 部分的产品收集起来,样品清出,加入到球磨机中粉磨 20 min。

(3) 将粉磨后的物料清出,称重。

(4) 将标准套筛按筛目由大至小的顺序安装在振筛机上,并将粉磨称重的物料加入位于顶部的标准筛中,开动振筛机筛分 3 min;分别称取不同筛孔尺寸筛子的筛上产物质量,记录数据。

6. 实验中的注意事项

(1) 实验操作应认真仔细,注意安全,不准靠近破碎机的传动部件,也不准将手放入破碎腔中。

(2) 调整排料口大小时要细心,测量排料口大小应准确。

7. 实验数据的记录及整理

(1) 筛分实验数据参考筛分实验表格进行记录。

（2）数据整理后填入表 2.2 中。

（3）计算破碎效率和细粒增量，并填入表 2.2 中。

表 2.2　破碎筛分实验数据

破碎前		破碎后		破碎效率	
粒度(mm)	产率(%)	粒度(mm)	产率(%)	η_p(%)	Δ(%)
+6		+6			
6-0.5		6-0.5			
0.5-0.25		0.5-0.25			
0.25-0.125		0.25-0.125			
0.125-0.075		0.125-0.075			
0.075-0.045		0.075-0.045			
-0.045		-0.045			
合计		合计			

8. 思考题

（1）破碎的方法大致分为哪几类？

（2）常用的破碎设备有哪些？请举例说明。

（3）请根据实验数据绘制入料及产品的粒度特性曲线。

（4）请评定破碎的效果。

2.2　粒度组成分析

2.2.1　基本原理

粒度分析方法主要有机械分析法，如筛分分析法、水力沉降分析法等；光电学分析法，如激光粒度分析法、显微镜分析法、电传感法等。

（1）筛分是一种使物料通过筛面并按粒度大小分成不同粒级的作业，它又分为干法筛分和湿法筛分。按筛分的目的不同，它还可分为准备筛分、检查筛分和最终筛分。准备筛分又称预先筛分，曾称选前筛分。这种筛分是按下一工序要求将原料分成不同粒级的筛分作业。检查筛分曾称控制筛分，它是从产物（如破碎产物）中分出粒度不合格产物的筛分作业。最终筛分曾称独立筛分，它是生产出不同粒级商品煤的筛分作业。如在大于 13 mm 的无烟块煤中筛分出 50～100 mm 的大块、25～50 mm 的中块及 13～25 mm 的小块。通过筛分可把产品分离出大块、中块、小块和粉品等多种产品,以满足不同用户的需要。

（2）激光粒度分析是根据颗粒能使激光产生散射这一物理现象测试粒度分布的方法。由于激光具有很好的单色性和极强的方向性,所以一束平行的激光在没有阻碍的无限空间中将会照射到无限远的地方,并且在传播过程中很少有发散的现象。当光束遇到颗粒阻挡时,一部分光将发生散射现象。散射光的传播方向将与主光束的传播方向形成一个夹角 θ,散射角 θ 的大小与颗粒的大小有关,颗粒越大,产生的散射光的角 θ 就越小;颗粒越小,产生的散射光的角 θ 就越大。进一步研究表明,散射光的强度代表该粒径颗粒的数量。这样在不同的角度上测量散射光的强度,就可以得到样品的粒度分布了。

（3）水析是水力沉降分析的简称,它是根据不同粗细的颗粒在流水或静水中的沉降速度差异,对物料进行分组的一种粒度分析方法。它主要适用于细粒物料（小于 0.074 mm）的粒度分析,用以研究碎屑岩、松散沉积物的粒度组成和物料的可选性。常用的水析法有重力沉降法、上升水流法和离心沉降法三种:

① 重力沉降法:淘析法是一种比较简单而又可靠的重力沉降法。它的基本原理是利用逐步缩短沉降时间的方法,由细至粗、逐步地将各粒级物料从试料中淘析出来。虽然这种方法简单、准确,但费工、费时。因此,淘析法多用来对其他水析法校核,或在没有连续水析仪器时使用。

② 上升水流法:上升水流法典型的装置是连续水析器,其基本原理是利用相同的上升水量,在不同直径的分级管中,产生不同的上升水速,粒度不同的颗粒按其不同沉降速度分成若干粒级。分级管的直径由给水量和分级粒度确定。

③ 离心沉降法:离心沉降法所用装置是串联旋流分级器,也称旋流水析器,其基本原理是使分级过程在离心力场中进行。它是由 5 个倒置（底流口垂直向上）的水力旋流器互相串联并平行排列所组成的。每个旋流器的沉砂口都与装有排料阀的接料槽相通,实验时排料阀是关闭的。水经水泵从水槽抽出,控制转子流量计保持一定流量,通过流量控制阀依次给入各级旋流器,依次得到粒度逐渐减小的物料。最后一个旋流器的溢流是最细粒级产物。

2.2.2　分析方法

对易于分解离开的碎屑沉积,通常采用筛分分析法和沉速法;对固结较紧且又不易解离的碎屑沉积,通常采用薄片鉴定法;对粗大的砾石,通常采用直接测量法。根据分析结果,可推测沉积物的形成条件和环境。对于不同原理的粒度分析仪器,所依据的测量原理不同,其颗粒特性也不相同,只能进行等效对比,不能进行横向直接对比。

　　筛分法的主要特点及其操作要点是：其通常对粒径小于 0.5 mm 的细粒物料进行分析，所选用的方法与要分析的物质的粒径相关。这种分析方法的优点是分析量大，代表性强，操作简便，符合重量分布的相关特点。但是，其所能分析的物料粒度的范围有限，人为因素的影响比较大，操作的可重复性比较差，非粒子形状的误差比较大，分析的速度也比较慢。所以在研究时，应根据具体的情况选择相关的分析方法。

　　粒度组成分析常见可通过粒度特性曲线、半对数粒度特性曲线、全对数粒度特性曲线来进行表征。

1. 粒度特性曲线

　　通常以横坐标表示颗粒的粒度，以纵坐标表示各粒级累积产率。若纵坐标列出的是正累积产率，横坐标表示颗粒的粒度，则可得到正累积粒度特性曲线；同理，横坐标不变，纵坐标列出的是负累积（又称筛下累积）产率，则可得到负累积粒度特性曲线，如图 2.8 所示。

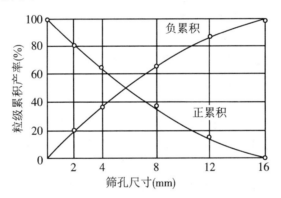

图 2.8　累积粒度特性曲线

　　累积粒度特性曲线的优点是绘制简便，缺点是在细粒级一端刻度太窄小。因此，曲线细粒级一端误差较大。

　　累积粒度特性曲线的作用：① 可确定任何指定粒度的响应累积产率，或由指定的累积产率查得相应的粒度；② 可求出任一粒级（$d_1 - d_2$）的产率，它等于粒度 d_1 及 d_2 所对应的纵坐标的差值；③ 由曲线的形状可大致判断物料粒度的组成情况。

2. 半对数粒度特性曲线

　　若横坐标表示各粒级尺寸的对数值，纵坐标表示各粒级累积产率，如图 2.9 所示，所得曲线称为半对数累积粒度特性曲线。此曲线可以克服细粒级部分狭窄的缺点，但粗级部分又压缩得较大。

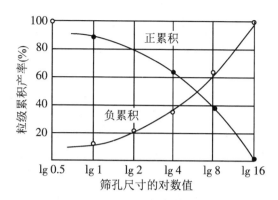

图 2.9　半对数累积粒度特性曲线

3. 全对数粒度特性曲线

横坐标与纵坐标均采用对数表示的曲线称为全对数累积粒度特性曲线,如图 2.10 所示。采用全对数法,大部分曲线可以直线化,从而可求出粒度分布的方程式。这种方法有利于研究碎散物料的分布规律。

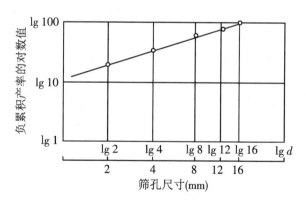

图 2.10　全对数累积粒度特性曲线

对于粒度范围很宽的物料,可以利用半对数累积粒度特性曲线来看粒度的分布情况或全对数累积粒度特性曲线来看粒度的分布情况。本实验采用的是一般的累积粒度特性曲线。

2.2.3　仪器结构与原理

粒度分析的设备根据原理大致可分为机械筛分分析和光电学粒度分析两大类。

机械筛分的类型有很多,在分选工业中根据它们的结构和运动特点,可分为下列几种类型:① 固定筛,包括固定格筛、固定条筛、悬臂条筛和弧形筛等;② 筒形筛,包括圆筒筛、圆锥筒和角锥筛等;③ 圆振动筛;④ 直线振动筛,分为 ZKB 型、FS型、ZKR 型、DZSF 型等;⑤ 等厚筛;⑥ 共振筛;⑦ 概率筛,包括旋转概率筛、直线振动概率筛、等厚概率筛等;⑧ 摇动筛,包括高频振动筛、电磁振动筛等。本书重点介绍固定筛、滚筒筛、振动筛。

　　固定筛是由平行排列的钢条或钢棒组成的,钢条和钢棒称为格条,格条借横杆连接在一起,如图 2.11 所示。固定筛有两种:格筛和条筛。格筛装在粗矿仓上部,以保证粗碎机的入料块度合适,格筛的筛上大块需要用手锤或其他方法破碎,使其过筛。固定格筛一般是水平安装的。条筛主要用于粗碎和中碎前做预先筛分,一般为倾斜安装,倾角的大小应能使物料沿筛面自动地下滑,也就是说倾角应大于物料对筛面的摩擦角。筛分一般物料时,倾角为 40°～50°,对于大块物料,倾角可稍减小;对于黏性物料,倾角应稍增加。条筛筛孔尺寸一般为要求筛下粒度的1.1～1.2倍,一般筛孔尺寸不小于 50 mm。固定筛条筛的宽度决定于给料机、运输机以及碎料机给料口的宽度,并应大于给料中最大块粒度的 2.5 倍。

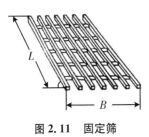

图 2.11　固定筛

　　滚筒筛的滚筒装置倾斜安装于机架上,电动机经减速机与滚筒装置通过联轴器连接在一起,驱动滚筒装置绕其轴线转动,如图 2.12 所示。当物料进入滚筒装置后,由于滚筒装置的倾斜与转动,筛面上的物料翻转与滚动,合格的物料(筛下产品)经滚筒后端底部的出料口排出,不合格的物料(筛上产品)经滚筒尾部的排料口排出。由于物料在滚筒内的翻转、滚动,则卡在筛孔中的物料被弹出,防止筛孔堵塞。滚筒筛砂机、滚筒筛分机与滚筒筛的原理构造几乎相同,只是人们对它的认识和叫法存在差异。滚筒筛在资源分离分选方面应用较广泛。

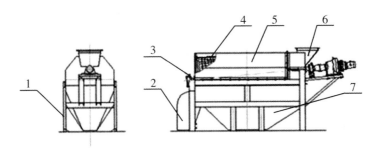

图 2.12　滚筒筛示意图

1. 机架组件;2. 大块物料漏斗组件;3. 主轴组件;4. 滚筒总成;5. 护罩组件;
6. 进料口组件;7. 小块物料出口组件

　　惯性振动筛(图 2.13、图 2.14)的工作原理是偏重轮的回转运动产生的离心惯性力传给筛箱,激起筛子振动,筛上的物料受筛面向上运动的作用力而被抛起,前进一段间隔后再回落筛面,直至透过筛孔。筛箱依赖固定在其中部的单轴惯性振

动器产生振动。因为惯性振动筛振动次数高,使用过程中必须留意轴承的工作
情况。

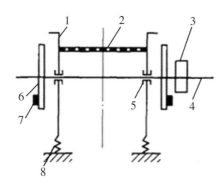 

图 2.13　惯性振动筛工作原理示意图　　　　图 2.14　振动筛实物图

1. 筛箱;2. 筛网;3. 皮带轮;4. 主轴;5. 轴承;
6. 偏重轮;7. 重块;8. 板弹簧

　　惯性振动筛有单层和双层、座式和吊式之分。它是由筛箱、振动器、板弹簧组
合传动电机等部分组成的。筛网固定在筛箱上,筛箱安装在两椭圆形板弹簧组上,
依靠固定在其中部的单轴惯性振动器(纯振动器)产生振动。

　　光学分析设备主要有激光粒度仪,其光路如图 2.15 所示。它由发射、接收和
测量窗口等 3 部分组成。发射部分由光源和光束处理器件组成,主要是为仪器提
供单色的平行光作为照明光;接收器是仪器光学结构的关键;测量窗口主要是让被
测样品在完全分散的悬浮状态下通过测量区,以便仪器获得样品的粒度信息。

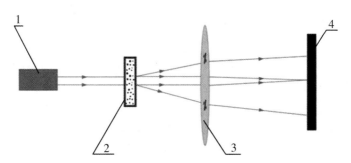

图 2.15　激光粒度仪光路图

1. 激光器及扩束器;2. 测量窗口;3. 傅里叶镜头;4. 光电探测器阵列

　　激光粒度分析仪采用湿法分散技术,机械搅拌使样品均匀散开,超声高频振荡
使团聚的颗粒充分分散,电磁循环泵使大小颗粒在整个循环系统中均匀分布,从而
在根本上保证了宽分布样品测试的准确重复。

　　测试操作简便快捷:放入分散介质和被测样品,启动超声发生器使样品充分分
散,然后启动循环泵,实际的测试过程只有几秒。测试结果以粒度分布数据表、分

布曲线、比表面积、D10、D50、D90等方式显示、打印和记录。

输出数据丰富直观:本仪器的软件可以在各种计算机视窗平台上运行,具有操作简单直观的特点,不仅能对样品进行动态检测,而且具有强大的数据处理与输出功能,用户可以选择和设计最理想的表格和图形输出。

2.2.4　固体废弃物的筛分实验

1. 实验目的

(1) 学会使用振筛机对松散细粒物料(废弃红砖)进行干法筛分的方法。

(2) 掌握筛分数据的处理及分析方法,研究、确定、分析物料的粒度组成及分布特性。

(3) 学习、训练利用筛分实验结果数学分析及粒度特性曲线分析(含观摩各种破碎设备)。

2. 基本原理

固体颗粒的筛分过程主要包括两个阶段:

(1) 易于穿过筛孔的颗粒和不能穿过筛孔的颗粒组成的物料层到达筛面。

(2) 易于穿过筛孔的颗粒透过筛孔。

要实现这两个阶段,物料在筛面上应具有适当的相对运动,一方面使筛面上的物料层处于松散状态,物料层将按粒度分层,大颗粒位于上层,小颗粒位于下层,易于到达筛面,并透过筛孔;另一方面,物料和筛子的运动都促使堵在筛孔上的颗粒脱离筛面,有利于其他颗粒透过筛孔。

固体颗粒中粒度比筛孔尺寸小得多的颗粒在筛分开始后,很快透过筛孔落到筛下产物中,粒度与筛孔尺寸愈接近的颗粒(难筛粒)透过筛孔所需的时间愈长。

一般地,筛孔尺寸与筛下产品最大粒度具有如下关系:

$$d_{\max} = K \cdot D \tag{2.4}$$

式中,$d_{\max}$为筛下产品最大粒度,单位为 mm;D 为筛孔尺寸,单位为 mm;K 为形状系数。

K 值如表 2.3 所示。

表 2.3　K 值表

孔形	方形	长方形
K 值	0.9	1.2~1.7

通常用筛分效率 E 来衡量筛分效果,其表示如下:

$$E = \frac{\beta(\alpha - \theta)}{\alpha(\beta - \theta)} \tag{2.5}$$

式中，E 为筛分效率，用%表示；α 为入料中小于规定粒度的细粒含量，用%表示；β 为筛下物中小于规定粒度的细粒含量，用%表示；θ 为筛上物中小于规定粒度的细粒含量，用%表示。

3. 仪器设备及材料

实验设备：振筛机 1 台；托盘天平 1 台，称量 200～500 g，感量 0.2～0.5 g。

实验器皿：标准套筛，直径 200 mm，孔径 0.5 mm，0.25 mm，0.125 mm，0.075 mm，0.045 mm 的筛子各 1 个，底、盖 1 套；中号搪瓷盘 6 个；大盆 2 个；制样铲、毛刷、试样袋若干。

实验材料：—0.5 mm 废弃红砖试样大于 400 g。

4. 实验步骤与操作技术

（1）学习设备操作规程，熟悉实验系统，确保实验过程的顺利进行及人机安全。

（2）接通电源，打开振筛机电源开关，检查设备运行是否正常。

（3）将烘干散体试样缩分并称取 80 g。

（4）将套筛按筛孔由大到小依次排列，套上筛底，然后将烘干的筛上物倒入最上层筛子内。

（5）把套筛置于振筛机上，固定好，开动机器，每隔 5 min 停下机器，采用手动筛分检查一次。检查时，依次由上至下取下筛子放在搪瓷盘上用手筛，手筛 1 min，筛下物的质量不超过筛上物质量的 1%，即为筛净。筛下物倒入下一粒级中，各粒级都依次进行检查。

（6）筛完后，逐级称重，将各粒级产物缩制成化验样，装入试样袋送往化验室进行必要的分析。

（7）关闭总电源，整理仪器及实验场所。

5. 数据处理、实验报告

（1）将实验数据和计算结果按规定填入散体物料筛分实验结果记录表2.4中。

（2）筛分前试样质量与筛分后各粒级产物质量之和的差值，不得超过筛分前试样质量的 2.5%，否则实验应重新进行。

（3）计算各粒级产物的产率，用%表示。

（4）绘制粒度特性曲线，包括直角坐标法（粒度为横坐标，累积产率或各粒级产率为纵坐标）、半对数坐标法（粒度的对数为横坐标，累积产率为纵坐标）、全对数坐标法（粒度的对数为横坐标，累积产率的对数为纵坐标）等。

（5）分析试样的粒度分布特性。

（6）编写实验报告。

表 2.4　筛分实验结果记录表

试样名称_____　　试样粒度_____ mm　试样质量_____ g
试样来源_____　　试样其他指标_____　　实验日期_____

粒度		质量 (g)	产率 (%)	正累积 (%)	负累积 (%)
mm	网目				
+0.5					
0.5~0.25					
0.25~0.125					
0.125~0.074					
0.074~0.045					
−0.045					
合　计					
误差分析					

6. 思考题

(1) 影响筛分效果的因素有哪些？湿法与干法筛分的效率有何差别？

(2) 如何根据累积粒度特性曲线的几何形状对粒度组成特性进行大致的判断？

(3) 举出几种其他的微细物料粒度分析方法，并说明其基本原理和优缺点。

(4) 影响筛分效果的因素有哪些？

2.2.5　激光粒度分析

1. 实验目的

初步掌握激光粒度仪及其配套软件的使用，并且用它来测定沸石的粒径分布。

2. 实验原理

激光粒度仪是根据颗粒能使激光产生散射这一物理现象测试粒度分布的仪器。光在传播中，波前受到与波长尺度相当的隙孔或颗粒的限制，以受限波前处各元波为源的发射在空间干涉而产生衍射和散射，衍射和散射的光能的空间（角度）分布与光波波长和隙孔或颗粒的尺度有关。用激光做光源，光为波长一定的单色光，衍射和散射的光能的空间（角度）分布就只与粒径有关。对颗粒群的衍射，各颗粒级的多少决定着对应各特定角处获得的光能量的大小，各特定角光能量在总光能量中的比例,应反映着各颗粒级的分布丰度。按照这一思路可建立表征粒度级丰度与各特定角处获取的光能量的数学物理模型,进而研制仪器,测量光能,由特定角度测得的光能与总光能的比较推出颗粒群相应粒径级的丰度比例量。设备工作原理可参考图 2.15。

3. 实验仪器与药品

实验设备:激光粒度仪,电脑,超声波清洗仪。

实验器皿:滴管,大烧杯,试管,试管刷。

实验材料:固体废弃物微细颗粒样品若干,蒸馏水若干。

4. 实验步骤

(1) 打开激光粒度仪的电源开关,开启电脑,并且启动相关软件,点击"Run",选择第一项,点击"OK",将电脑与激光粒度仪连接起来。再点击"Run",在弹出的界面上选择溶剂为"H_2O",选择模式为"Garnet.",选择好储存路径。

(2) 在激光粒度仪的按钮上按下排气泡的操作键,进行排气泡的操作。

(3) 排好气泡后,点击软件上的"Start",进行测试准备,同时观察相关的数据,并且最后看测试界面上第一项是否超过 1%,第二项是否超过 3%。若超过,则必须重新清洗粒度仪,清洗时,向样品池内加满蒸馏水,按下仪器上的"开始"键,等仪器启动 1 min 后,按下"停止"键,将水排净,重新注入蒸馏水,然后重复(2)、(3)步骤。

(4) 取适量样品于试管中,加入约 5 mL 的蒸馏水形成悬浊液体系,然后用超声波清洗仪将体系分散成均匀的悬浊液。

(5) 除去样品池中的蒸馏水约 5 mL,加入分散好的悬浊液。注意在加液时,应当吸取一部分中层液体,快速挤向试管底部,以保证颗粒大的样品能够均匀地加入到样品池中,并注意观察软件界面第一项不得少于 7% 且不得超过 11%。加完液体后,应当吸取样品池中的液体清洗试管和滴管,并将清洗液一起倒入样品池中。注意整个操作过程应当快速完成。

(6) 加好样品后,点击软件界面的"done",开始测试。

(7) 测试完成后,将样品池中的废液排出,加入蒸馏水清洗样品池,重复上述步骤(2)~(6),重新测试以获得对比数据。

(8) 实验结束后,点击"Run"下拉菜单中的切断连接项,然后关闭程序。将样品池中的废液排出,用蒸馏水清洗样品池两次,盖上保护盖,打扫实验场地。

5. 实验结果

通过数据比较,选择粒度分散均匀的一组数据作为本次实验的结果,并绘制出粒度累积产率图。

6. 思考题

（1）实验操作中应当注意哪些细节？

（2）简述激光粒度分析仪的工作原理。

（3）激光粒度分析较机械筛分分析有哪些优势？

2.2.6 微细物料粒度组成水力分析

1. 实验目的

（1）掌握实验室微细物料粒度组成水力分析操作技术。

（2）结合专业知识分析实验现象，并认真分析实验结果。

2. 实验原理

水力分析（以下简称水析）是借测定颗粒的沉降速度间接测量颗粒粒度组成的方法。常用于小于 0.1 mm 物料的粒度组成测定。常用的水析法有重力沉降法、上升水流法和离心沉降法三种。测定条件在自由沉降条件下进行，悬浮液的固体容积浓度小于 3%，按斯托克斯沉降速度公式计算，即

$$v_0 = \frac{h}{t} = \frac{d^2(\delta - \rho)}{18\mu}g \tag{2.6}$$

式中，h 为沉降距离，单位为 m；t 为沉降时间，单位为 s。

为了防止水析过程中固体颗粒团聚，通常加入水玻璃等分散剂，它们在水中的浓度为 0.01%～0.2%。

沉降法中比较简单而又可靠的方法是淘析法，淘析法的基本原理是利用逐步缩短沉降时间的方法，由细至粗、逐步地将各粒级物料从试料中淘析出来。

淘析法水析装置也称为萨巴宁沉降分析仪，如图 2.16 所示。淘析过程是在一个直径为 70～100 mm、高度为 150～170 mm 的玻璃杯中进行的。杯内装有一根直径为 6～10 mm 的虹吸管。虹吸管的短管部分应插入杯内，使其管口下端距固体沉淀物料面留有 5 mm 的距离。虹吸管另一端带有管夹，插入到溢流收集槽内。

设预定的分级粒度为 d，在水中的自由沉降速度为 v_0，则沉降距离 h 所需时间 t 为

$$t = \frac{h}{v_0} = \frac{h\mu}{54.5d^2(\delta - \rho)} \tag{2.7}$$

实验前，先将分级粒度为 d 的颗粒在水中沉降，A 距离所需沉降时间 t 按斯托克斯公式计算出来。再将一定量物料（准确称量 50～100 g）配成液固比等于 6∶1（泥质物料为 10∶1）的料浆倒入玻璃杯中，补加清水到规定的刻度零处（补加清水

后最大固体容积浓度应小于 3%),然后用带橡皮头的玻璃棒充分搅拌,停止搅拌后使料浆静置沉降,经过所计算的分级粒度为 d 的颗粒沉降距离 h 所需时间 t,便立即用虹吸管将 A 上部的料浆全部吸出。显然吸出的料浆中全是粒度小于分级粒度的颗粒,但是遗留在杯中的沉淀物内,还会有一部分未能吸出的小于分级粒度的颗粒,应再往杯中补加清水,然后重复上述操作,直到吸出的液体中不含小于分级粒度的颗粒为止。

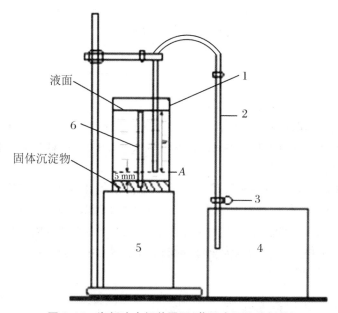

图 2.16　淘析法水析装置图(萨巴宁沉降分析仪)

1. 玻璃杯;2. 虹吸管;3. 管夹;4. 溢流收集槽;5. 玻璃杯座;

6. 标尺;7. 虹吸管架

将每次吸出的料浆汇合烘干后,即为试料中全部小于分级粒度的粒级产物。把获得的细粒产物称重、化验后,即可标出该粒级在试样中的含量及其品位。若要求进行几个粒级的分析时,则需首先按预定的几个分级粒度分别算出沉降距离 h 所需的时间 t,由细到粗依次进行上述操作,将各个粒级全部淘析完为止,即可以获得该试样的粒度组成。由淘析法测定微细物料的粒度组成虽然比较简单、准确,但费时、费工,因此淘析法多用来对其他水析法校核,或在没有连续水析仪器时使用。

3. 实验器材与原料

实验设备:连续水析仪 1 套(74 μm,37 μm,19 μm,10 μm),天平 1 台。

实验器皿:虹吸管、秒表各 1 个,200 目标准筛 1 个,100 mL 烧杯 2 个,瓷盆 4 个,小勺子 2 把。

实验材料:-0.1 mm 石英。

4. 实验步骤

（1）取试料 50 g 放在大烧杯中，以适量的水润湿。

（2）按图 2.16 将水析实验设备装好，并将虹吸管内装满水，胶管处用卡子夹住，将其自由端插入烧杯内并离料层 0.5～1 cm。

（3）把烧杯内装满水至边缘 2～3 cm。

（4）计算临界粒子（粒度分别为 0.74 mm，0.053 mm 和 0.037 mm，密度为 2.65 g/cm³）沉降距离 h 所需要的时间，计算公式为

$$v_0 = 54.5 \times d^2 \frac{\delta - p}{\mu}$$

$$t = \frac{h}{v_0}$$

式中，v_0 为自由沉降末速，单位为 cm/s；d 为临界粒子直径，单位为 cm；δ 为石英密度，为 2.65 g/cm³；μ 为水的黏性系数，常温取 $\mu=0.01$；h 为直径为 d 的粒子的沉降距离，单位为 cm。

（5）用玻璃棒充分搅拌矿浆使物料完全悬浮后停止搅拌，立即用秒表记下沉降时间，待到达 t s 时，迅速打开管夹将孔口以上的矿浆吸入磁盘，此时随矿浆吸出的就是小于临界粒度的粒子。然后再把烧杯充满水至标志处，按上述步骤重复数次直至吸出的液体完全为清水为止，此时将磁盘内吸出的物料沉淀、烘干、称重，整个虹吸过程从最细粒级开始。

5. 数据处理与实验报告

实验结果如表 2.5 所示。

表 2.5　实验结果

粒级（mm）	质量（g）	产率（%）	
		部分	累积
−0.1+0.074			
−0.074+0.053			
−0.053+0.037			
−0.037			
合计			

6. 思考题

（1）实验操作中应当注意哪些细节？

（2）简述水析仪的工作原理。

（3）请对实验数据进行分析。

第 3 章　资源分离分选

3.1　重　力　分　选

3.1.1　基本原理

重力分选(以下简称重选)是利用不同物料颗粒间的密度差异来进行分离的过程。重选过程概括起来就是松散—分层—分离的过程。将待分选物料置于分选设备上,使其在重力、流体浮力、流体动力、惯性力或其他机械力的作用下松散,进而使不同密度的颗粒发生分层,分层后的物料或者在机械力的作用下分别排除,或者密度不同的颗粒由于自身运动轨迹的差异而分别截取,这样就实现了分选。

置于分选设备内的散体物料层(称作床层),在流体浮力、动力或其他机械力的推动下松散,目的是使不同密度(或粒度)颗粒发生分层—分离,就重选来说就是要达到按密度分层。故流体的松散作用必须服从粒群分层这一要求,这就是重选与其他两相流工程相区别之处。流体的松散方式不同,分层结果亦受影响。重选理论所研究的问题,简单来说就是探讨松散与分层的关系。分层后的物料在机械力的作用下分别排出,即实现了分选,故可认为松散是条件,分层是目的,而分离则是结果。前述各种重选工艺方法就是实现这一过程的手段。它们的工作受以下基本原理支配:① 颗粒及颗粒群的沉降理论;② 颗粒群按密度分层的理论;③ 颗粒群在斜面流中的分选理论。

此外还有在回转流中的分选。尽管介质的运动方式不同,但除了重力与离心力的差别外,基本的作用规律仍是相同的。

有关粒群按密度分层理论,最早是从跳汰过程入手研究的。学界曾提出不少跳汰分层学说,后来又出现一些专门在垂直流中分层的理论。

斜面流分选最早是在厚水层中处理较粗颗粒,分选的根据是颗粒沿槽运动的速度差。20 世纪 40 年代以后斜面流分选向流膜分选方向发展,主要用来分选细粒和微细粒级物料。流态有层流和紊流之分。一贯认为紊流脉动速度是松散床层基本作用力的观点,在层流条件下难以做出解释。1954 年,拜格诺提出的层间剪切斥力学说,补充了这一理论的空白。但同分层理论一样,斜面流分选要依靠现有理论做出可靠的计算是困难的。

尽管重选理论到今天仍未达到完善的地步,但和许多工艺学科一样,它已经可以为生产提供基本的指导,并可作为数理统计和模拟研究的基础。

3.1.2　分选方法

固体废弃物的重选方法按作用原理主要分为以下 5 种:

(1) 风力分选又称为气流分选,其基本原理是固体废弃物颗粒在空气气流的作用下,密度大的沉降末速度大,运动距离比较近;密度小的沉降末速度小,运动距离比较远。此方法适用于颗粒的形状、尺寸相近的固体废弃物分选,有时也可先经破碎、筛选后,再进行风力分选。风力分选设备按工作气流的主流向分为水平、垂直和倾斜三种类型,其中以垂直气流风选机应用最为广泛。

(2) 惯性分选是基于混合固体废弃物中各组分的密度和硬度差异进行分离的方法。用高速传送带、旋转器或气流沿水平方向抛射粒子,粒子沿抛物线运行的轨迹随粒子的大小和密度不同而异,粒径和密度越大,飞得越远。这种方法又称为弹道分离法。目前这种方法主要用于从垃圾中分选回收金属、玻璃和陶瓷等物。根据惯性分选原理而设计制造的分选机械主要有弹道分选机、反弹滚筒分选机和斜板输送分选机等。

(3) 摇床分选是利用混合固体废弃物在随床面做往复不对称运动时,由于横向水流的流动和床面的摇动作用,不同密度的颗粒在床面上形成扇形分布,从而达到分选目的的方法。摇床床面近似长方形,微向轻质产物排出端倾斜,床面上钉有或刻有沟槽。摇床分选用于分选细粒和微粒物料,在固体废弃物处理中,目前主要用于从含硫铁矿较多的煤矸石中回收硫铁矿,分选精度很高。最常用的摇床分选设备是平面摇床。

(4) 重介质分选是将两种密度不同的固体混合物放在一种密度介于二者密度之间的重液(如氯化锌、四氯化碳、四溴乙烷等)中,密度小于重液密度的固体颗粒上浮,大于重液密度的固体颗粒下沉,从而实现两种固体颗粒分离的方法。从理论上讲,由于重液分选主要是依靠密度的差异进行的,而受颗粒粒度和形状的影响很小,从而可对密度差很小的固体物质进行分选。不过,当入选物质粒度过小,且固体废弃物的密度与介质密度非常接近时,其沉降速度很慢,造成分选效率低,故一般需将入选渣料粒度控制在 2~3 mm 范围内。

(5) 跳汰分选是使磨细的混合废弃物中不同密度的粒子群在垂直脉冲运动介质中按密度分层,不同密度的粒子群在高度上占据不同的位置,大密度的粒子群位于下层,小密度的粒子群位于上层,从而实现物料分离的方法。跳汰介质可以是水或空气。目前用于固体废弃物跳汰分选的介质都是水。跳汰分选是一种古老的选矿方式,对固体废弃物中混合金属细粒的分离是一种有效的分离方法。

3.1.3　仪器结构与原理

1. 风选机

风力分选机按压力方式分为正压分选机、负压分选机和正负压结合分选机 3 种,按风力方向分为水平风力分选机和垂直风力分选机,如图 3.1 所示。该设备主要是将垃圾中的轻质物料(如纸片、塑料袋、薄膜等)与重质物料分开,也就是根据空气动力学原理,按轻重物料密度的不同进行分离,以达到分类回收再利用的目的。

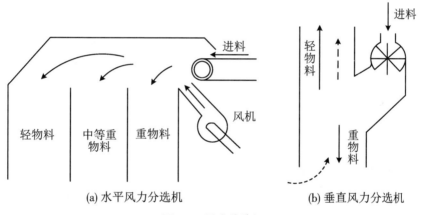

(a) 水平风力分选机　　　　　　(b) 垂直风力分选机

图 3.1　风力分选机

原理及特点:风力分选的基本原理是气流将较轻的物料向上带走或水平方向带向较远的地方,而重物料则由于上升气流不能支持它们而沉降,或由于惯性在水平方向抛出较近的距离。风力分选过程是以各种固体颗粒在空气中的沉降规律为基础的。

2. 摇床

摇床结构如图 3.2 所示,基本上都是由床面、机架和传动机构三大部分组成的。平面摇床的床面近似呈矩形或菱形。在床面纵向的一端设置传动装置。床面的横向有较明显的倾斜,在倾斜的上方布置给矿槽和冲水槽。摇床床面上沿纵向布置了床条(俗称来复条),床条的高度自传动端向对侧逐渐降低,并沿一条或两条斜线尖缩。整个床面由机架支撑或吊起。机架上并有调坡装置。工作原理参见"3.1.4　摇床分选实验"。

　　摇床具有以下 7 个特点：① 刚度、强度大；② 吸水率低，不增重；③ 工作表面耐磨性好；④ 抗化学腐蚀，耐酸碱，不忌料浆中的药剂；⑤ 耐气候性好，形状稳定；⑥ 选别性能良好，指标稳定；⑦ 保留了木质床面的装配尺寸，两者可以互换安装。

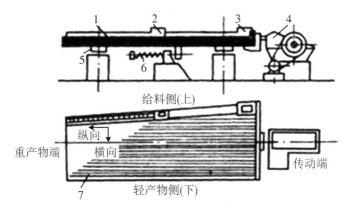

图 3.2　摇床

1. 床面；2. 冲水口；3. 给料口；4. 传动机构；5. 支撑；6. 调坡机构；7. 床条

3.1.4　摇床分选实验

1. 实验目的

（1）了解实验摇床的构造和工作原理，验证摇床分选的基本理论。

（2）观察分选过程中物料在床面上的扇形分布，了解影响摇床分选效果的主要因素与调节方法。

2. 实验内容

　　称取经破碎的城市固体废弃物（3～0.5 mm 物料），配成一定浓度加到给料槽中，同时加清水到冲水槽中，在横向水流冲力和纵向差动的运动下，将物料分成不同的分选带，然后分别截取不同的分选带，得到不同的产品。

3. 实验原理

(1) 物料在床面上的松散分层

　　在摇床（图 3.2）分选过程中，水流沿床面横向流动，不断跨越床面隔条。每经过一个隔条即发生一次水跃。水跃产生的涡流在靠近下游隔条的边沿形成上升流，而在沟槽中间形成下降流。水流的上升和下降是颗粒松散、悬浮的动力，而松散悬浮又是发生颗粒分层、使得高密度颗粒转入底层的前提。由于底层颗粒密集且相对密度较大，水跃对底层的影响很小，因此在底层形成稳定的重产物层。而密度较小的粗颗粒由于局部静压强较小,不能再进入底层,于是在横向水流的推动下越过隔条向下运动。沉降速度很小的微细颗粒始终保持悬浮,随横向水流排出。

(2) 物料在床面上的分带

① 横向水流包括入料悬浮液中的水和冲洗水两部分。由于横向水流的作用,位于同一高度层的颗粒,粒度大的要比粒度小的运动快,密度小的又比密度大的运动快。这种运动差异又由于分层后不同密度和颗粒占据了不同的床层高度而愈加明显,低密度粗粒处在床层上方,高密度细粒处在床层下方。水流对于那些接近隔条高度的颗粒冲洗力最强,因而粗粒的低密度首先被冲下,即横向运动速度最大;沿着床层的纵向运动方向,隔条的高度逐渐降低,原来占据中间层的颗粒不断地暴露到上层,于是细粒轻产物和粗粒重产物相继被冲洗下来,沿床面的纵向产生分布梯度。

② 床面前冲、回撤的加速度及作用时间不同导致的床面差动运动,引起颗粒沿床面纵向的运动速度不同。特别是颗粒群分层以后更加剧了不同密度和粒度的颗粒沿床面的纵向运动差异,即底层密度较高的颗粒由于与床面间的摩擦系数较大,因而具有随床面一起运动的倾向;而上层的颗粒由于水的润滑及所具有的相对松散的状态摩擦力较小,因而随床面一起运动的趋势较弱。所以低密度颗粒尽管与床面间具有较大的横向运动速度,但综合的结果是低密度颗粒沿床面的纵向距离较短;而高密度颗粒不但沿床面的横向运动速度较小,且由于每次负加速度的作用,可以获得一段有效的前进距离,进一步导致了轻重密度颗粒的运动差距离差异。

颗粒在床面上的实际运动是横向运动与纵向运动的合成,运动方向是横向与纵向运动方向的向量和。定义颗粒的实际方向和床面纵轴的夹角称为偏离角 θ,有

$$\tan \theta = \frac{v_y}{v_x}$$

由此可见,纵向速度一定时,横向速度越大,θ 越大。

不同颗粒每一瞬时沿横向和纵向的运动速度并不一样。受隔条的阻挡,颗粒的实际轨迹是阶梯状的,颗粒的最终运动方向只能由两个方向的平均速度决定。根据前面的分析,低密度、粗颗粒具有最大偏离角,高密度、细颗粒具有最小偏离角,其他颗粒介于两者之间。最终导致轻重产物呈扇形分布,扇形分带越宽,分离精度越高,而分带的宽窄由颗粒间的运动速度差异决定。

4. 仪器设备与材料

实验设备:摇床 1 台,天平 1 台(1 kg)。

实验器皿:物料桶 5 个,瓷盆若干,量筒 1 个(1000 mL),刷子 1 把,秒表 1 块,测角仪 1 把,转速表 1 块,钢尺 1 把。

实验材料:3～0.5 mm 石英。

5. 实验步骤

(1) 学习操作规程,熟悉设备结构,了解调节参数与调节方法;试运转检查,确

保实验过程的顺利进行与人机安全;称取试样 2 份,质量分别为 1 kg。

(2) 选定工作参数,清扫床面,调节好冲水后确定横冲水流量;将润湿好的固体废弃物样在 2 min 内均匀地加入给料槽,调整冲水及床面倾角,使物料在床面上呈扇形分布,同时调整接料装置,分别接取各产品。待分选过程结束后,停机,继续保持冲水,清洗床面,将床面剩余颗粒归入重产物。

(3) 按照上述参数,用备用样做正式实验,接取 3 个产物。

(4) 实验结束后清理实验设备、整理实验场所。

6. 数据处理与实验报告

(1) 将实验条件与分选结果数据记录于表 3.1 中。

(2) 分析实验条件与分选结果间的关系。

(3) 编写实验报告。

表 3.1　摇床分选实验数据记录表

单元实验条件	入料粒度(mm)	处理量(kg/h)	横向倾角	冲水量(L/min)	冲次(min)	冲程(mm)	
单元实验结果	产品	质量(g)	产率(%)	品位分析		接料点到床尾的距离(mm)	
				1	2		
	产品 1						
	产品 2						
	产品 3						
	合计						

7. 思考题

(1) 设想隔条的高度沿纵向不变会发生什么现象,为什么?

(2) 影响摇床分选的主要因素有哪些? 如何影响?

3.2　浮游分选实验

3.2.1　基本原理

浮选机是完成浮选过程的机械设备。浮选机的特点是利用某些物料的疏水性,通过缓慢搅拌及少量充气,使产生的浮沫聚集于水面上刮出,如从水中回收油脂、蛋白质、纸浆以及化工产品等。离子浮选是在能与离子发生沉淀或络合的表面活性剂的作用下,使反应生成物进入浮沫,完成分选。

浮游分选(以下简称浮选)时使用各种药剂来调节浮选物料和浮选介质的物理化学特性,以扩大浮选物料间的疏水-亲水性(即可浮性)差别,提高浮选效率。常用的浮选药剂分为捕收剂、起泡剂和调整剂三大类。

捕收剂除了自然界中煤、石墨、硫黄、滑石和辉钼矿等矿物颗粒表面疏水,具有天然可浮性外,大多数物料颗粒的表面是亲水的。为改善可浮性,需添加使物料颗粒疏水的捕收剂,即极性捕收剂和非极性捕收剂。极性捕收剂由能与物料颗粒表面发生作用的极性基团和起疏水作用的非极性基团两部分组成。当这类捕收剂吸附于物料颗粒表面时,其分子或离子呈定向排列,极性基团朝向物料颗粒表面,非极性基团朝外形成疏水膜,使颗粒具有可浮性。

起泡剂是具有亲水基团和疏水基团的表面活性分子,定向吸附于水-空气界面,降低水溶液的表面张力,使充入水中的空气易于弥散成气泡,并产生稳定的泡沫。起泡剂与捕收剂有联合作用,共同吸附于物料颗粒表面,促进目的颗粒上浮。常用的起泡剂有松醇油(国内俗称二号油)、甲酚酸、混合脂肪醇、异构的己醇或辛醇、醚醇类以及各种酯类等。

调整剂按用途不同分为以下五类:① pH 调整剂。通过调节料浆酸碱度,控制颗粒表面特性、料浆化学组成以及各种药剂的作用条件,改善浮选效果。常用的有石灰、碳酸钠、氢氧化钠和硫酸等。② 活化剂。能增强颗粒同捕收剂的作用能力,使难浮颗粒受到活化而被浮起。③ 抑制剂。提高物料亲水性或阻止颗粒同捕收剂的作用,使其可浮性受到抑制。④ 絮凝剂。使细颗粒聚集成较大颗粒,以加快其在水中的沉降速度。利用选择性絮凝可进行絮凝-脱泥及絮凝-浮选。常用的絮凝剂有聚丙烯酰胺和淀粉等。⑤ 分散剂。阻止细颗粒聚集,使之处于单体分散状态,作用与絮凝剂相反,常用的有水玻璃、磷酸盐等。

浮选药剂的用量随药剂种类、物料性质、浮选条件及流程特点等因素而变化。一般每吨物料只用几克、数十克至数百克,也有多至数千克的。

浮选机是实现浮选过程的重要装置。物料经过湿式磨料后,已基本单体解离的物料被调成一定浓度的料浆,在搅拌槽内与浮选药剂充分调和后,送入浮选机,在其中通过充气与搅拌,使欲浮的目的物料向气泡附着,在料浆面上形成矿化泡沫层,用刮板刮出或以自溢方式溢出,即成为泡沫产品(精矿),而非泡沫产品自槽底排出。浮选机性能是影响浮选技术指标的一个重要因素。浮选设备主要包括浮选机和辅助设备(搅拌槽、给药机等)。一般而言,浮选机大多属于标准设备,浮选辅助设备大多属于非标准设备。而浮选机是直接完成浮选过程的设备,其工作原理自下而上大体划分为搅拌区、分离区和泡沫区。其中分离区是颗粒向气泡附着、形成矿化气泡的关键过程。此区应保证足够的容积和高度,并与搅拌区和泡沫区形

成明显的界限,以利于物料分选。浮选因素与以下几点有关:

(1)磨料细度

磨料细度必须满足下列要求:有用物料基本上单体解离,粗粒单体颗粒粒度必须小于物料浮选的粒度上限,尽可能避免泥化。

(2)料浆浓度

最适宜的料浆浓度要根据物料性质与浮选条件来确定:浮选比重较大或粒度较粗的物料应采用较浓的料浆,粗选与扫选作业也趋向于采用较浓的料浆。

(3)料浆酸碱度

各种物料在采用各种不同浮选药剂进行浮选时,都有一个浮与不浮的pH,叫作临界pH。控制临界pH,就能控制各种物料的有效分选。

(4)药剂制度

浮选过程中加入药剂的种类和数量、加药地点和加药方式统称为药剂制度。它对浮选指标有重大影响,药剂的种类和数量是通过物料可选性实验确定的。

(5)充气和搅拌

强化充气作用,可以提高浮选速度,节约水电与药剂。但充气量过大,会把大量的泥质机械夹带至泡沫产品中,给分选造成困难,最终难以保证精矿的质量。

(6)浮选时间

浮选时间的长短,要根据有用物料的可浮性好坏及对精矿质量要求而定。

(7)水质和料浆温度

浮选一般在常温下进行。料浆加温与否,需依据具体情况经详细的技术经济比较确定。同时还应因地制宜,尽量利用余热与废气。

3.2.2　分选方法

(1)常规泡沫浮选

适于选别 0.5 mm 至 5 μm 的颗粒,具体的粒限视物种而定。当入选的粒度小于 5 μm 时需采用特殊的浮选方法。如絮凝-浮选是用絮凝剂使细粒的有用物料絮凝成较大颗粒,脱出脉石细泥后再浮去粗粒脉石。载体浮选是用粒度适于浮选的颗粒做载体,使微细颗粒黏附于载体表面并随之上浮分选。

处理呈分子、离子及胶体大小的物料,采用浮沫分离。其特点是利用某些物料的疏水性,缓慢搅拌及少量充气,使其成浮沫聚集于水面上刮出。如从水中回收油脂、蛋白质、纸浆以及化工产品等。

(2)无泡沫浮选

使浮选物料在水-气、有机液-水、水-油界面(或表面)萃取聚集后分离,例如早期使用的薄膜浮选、全油浮选,正在发展中的液-液萃取浮选等。油球团筛分是用油将已疏水化了的有用物料颗粒形成选择性球团后,再进行筛分。浮选所需的气泡最早由煮沸料浆或化学反应产生,目前常用机械搅拌以吸入空气或导入压缩空气起泡,还有减压或加压后再减压起泡以及电解起泡等。与浮选效果有关的因素有很多,除物料性质外以浮选药剂、浮选机和浮选流程最为重要。

3.2.3 仪器结构与原理

浮选机应该具有良好的充气作用和搅拌作用,从而形成平稳的泡沫层。按充气和搅拌方式的不同将浮选机分为无机械搅拌式和机械搅拌式。不用叶轮-定子系统作为搅拌机构,从浮选机外部强制吸入或压入空气的统称为无机械搅拌式浮选机,即充气式浮选机;利用叶轮-定子系统作为机械搅拌器实现充气和搅拌的统称为机械搅拌式浮选机。机械搅拌式浮选机分为自吸式和压气式两类。自吸式搅拌力强,且叶轮具有吸浆作用,但运动部件转速高,能耗大,磨损严重,维修量大。压气式充气量大,便于调节,转速低,磨损小,维修量少,分选指标好,但需压气系统和管路。

(1) 机械搅拌式浮选机由浮选槽、中矿箱、搅拌机构、刮泡机构和放矿机构几部分组成。XJM-4 型浮选机在工作时叶轮转动甩出料浆,形成负压,来自套筒的空气和循环孔吸入的循环料浆在轮腔中混合,入料料浆从叶轮底部中心吸入管吸到吸浆室,在离心力的作用下,上述各股浆气物料分别沿各自锥面向外甩出。自空心轴吸入的空气与吸浆室吸入的料浆先在叶轮混合后再甩出,甩出的所有浆气混合物在叶轮出口处相遇,激烈混合并通过定子导向叶片和槽底导向板冲向四周斜下方,然后在槽底折向上,形成 W 形料浆流动模式。运动的过程中气泡不断矿化稳定升到液面,形成泡沫层。工作原理参见图3.3XJM-4 型浮选机搅拌机构示意图。

(2) 充(压)气式浮选机的特点是无机械搅拌器,无传动部件,料浆的空气靠外部压入。最典型的是浮选柱,压入的空气通过浸没在料浆中的气泡发生器形成小气泡。浮选柱对料浆没有机械搅拌或搅拌较弱,为使料浆能与起泡得到充分碰撞接触,通常料浆从浮选柱上部给入,产生的起泡从下部上升,利用这种逆流原理实现起泡矿化。同机械

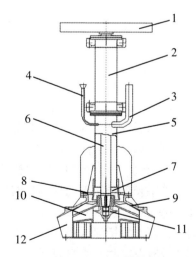

图 3.3 XJM-4 型浮选机搅拌机构示意图
1. 大皮带轮;2. 轴承座;3. 吸气管;4. 加药管;5. 套筒;
6. 搅拌轴;7. 钟形罩;8. 上调节环;9. 定子盖板;10. 叶轮;
11. 锁紧螺母;12. 定子

搅拌式相比,浮选柱具有结构简单,制造容易,占地少,操作容易,维修少,节省动力,对微细颗粒分选效果好等优点。

　　(3)旋流微泡浮选柱集浮选与重选作用于一体,强化分选,如图3.4所示。含气固液三相的循环料浆沿切线高速进入旋流段后,在离心力作用下做旋流运动,气泡和已矿化的气絮团向旋流中心运动,并迅速进入浮选段。气泡与从上部给入的料浆反向碰撞矿化,旋流段的主要作用是扫选,回收浮选段尚未分选的精矿颗粒,以提高精矿回收率。气泡在柱体内上升矿化并不断受到清洗,清除夹带的高灰物,上部较厚的泡沫层以及冲洗水的喷淋作用使精矿的品位大大提高。

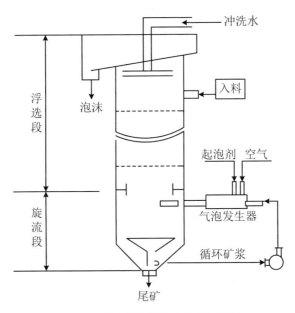

图3.4　旋流微泡浮选柱结构原理图

　　(4)实验室单槽浮选机由电动机三角带传动带动叶轮旋转,产生离心作用形成负压,一方面吸入充足的空气与料浆混合,一方面搅拌料浆与药物混合,同时细化泡沫,使颗粒黏附到泡沫之上,浮到料浆面再形成矿化泡沫。调节闸板高度,控制液面,使有用泡沫被刮板刮出。单槽浮选机吸气量大,功耗低。单槽浮选机每槽兼有吸气、吸浆和浮选三重功能,自成浮选回路,不需任何辅助设备,水平配置,便于流程的变更。料浆循环合理,能大限度地减少粗颗粒沉淀。设有料浆面的自控装置,调节方便。单槽浮选机叶轮带有后倾式的上下叶片。单槽浮选机上叶片产生料浆上循环,下叶片产生料浆下循环,图3.5是其结构示意图。

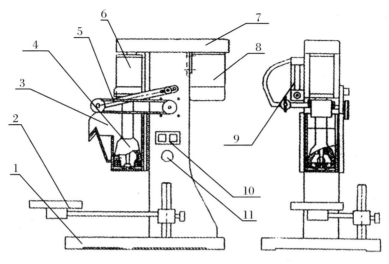

图 3.5 实验室单槽浮选机结构示意图

1. 机座；2. 托板；3. 槽体；4. 搅拌器；5. 刮板部分；6. 主轴部分；
7. 护罩；8. 电机；9. 流量计；10. 控制开关；11. 刮板开关

3.2.4 废旧石墨浮选回收实验

1. 实验目的

(1) 学习掌握浮选实验装置的结构、原理及操作过程。
(2) 掌握从硅晶生产过程废弃的石墨组件中浮选分离、回收石墨和硅的方法。
(3) 观察、分析浮选过程的现象。

2. 实验原理

目前,随着硅晶需求量和产量的大幅增长,硅晶生产过程产生的固体废弃物量也随之增加。其中固体废弃物包含硅晶还原生产过程中废弃的石墨帽、石墨底座和石墨卡瓣。石墨帽、石墨底座和石墨卡瓣是硅晶生产还原炉内的组件。石墨底座、石墨帽和石墨卡瓣组装成一体化结构安装在还原电极顶部,石墨底座起到连接电极和石墨卡瓣的作用,石墨帽起到连接和固定石墨底座和石墨卡瓣并紧固硅芯的作用。三氯氢硅不断沉积在被固定的硅芯上,长成了硅棒产品。在硅棒生长过程中石墨底座与石墨帽的螺纹连接部位有大量多晶硅沉积,使二者粘连、难以分拆,只能人工破坏性分离,所以产生的石墨帽、石墨底座和石墨卡瓣不能继续使用而被废弃。在实际生产中,企业往往采用人工锤破,然后手工分拣出不黏结石墨的硅料单独出售,剩余的与石墨伴生的硅以及大量石墨被用作燃料使用。这种简单的分拣造成了大量高纯度石墨和硅的浪费。在当前硅晶需求量大幅增长的前提下,还原生产过程产生的石墨组件废弃物越来越多。高纯度石墨与硅的生产过程均需消耗大量能量,同时还产生一定污染。若这些废料不加以回收利用,势必造成巨大的浪费。

石墨是碳质元素结晶矿物,它的结晶格架为六边形层状结构,每一网层间的距离为 340 pm,同一网层中碳原子的间距为 142 pm,属六方晶系,具备完整的层状解理。解理面以分子键为主,对分子吸引力较弱,故其天然可浮性很好。单质硅是比较活泼的一种非金属元素,硅的主要用途取决于它的半导性。硅材料是当前最重要的半导材料。

颗粒表面物理化学性质-疏水性差异是物料浮选基础,表面疏水性不同的颗粒的亲气性不同。通过适当的途径改变或强化料浆中目的物料与非目的物料之间的表面疏水性差异,以气泡作为分选、分离载体的分选过程即浮选。

浮选过程一般包括以下几个过程:

(1)料浆准备与调浆:借助某些药剂的选择性吸附,增加颗粒的疏水性与非目的颗粒的亲水性。一般通过添加目的物料捕收剂或非目的物料抑制剂来实现,有时还需要调节料浆的 pH、温度等其他性质,为后续的分选提供对象和有利条件。

(2)形成气泡:气泡的产生往往通过向添加有适量起泡剂的料浆中充气来实现,形成颗粒分选所需的气液界面和分离载体。

(3)气泡的矿化:料浆中的疏水性颗粒与气泡发生碰撞、附着,形成矿化气泡。

(4)形成矿化泡沫层、分离:矿化气泡上升到料浆的表面,形成矿化泡沫层,并通过适当的方式刮出后即为泡沫精矿,而亲水性的颗粒则保留在料浆中成为尾矿。

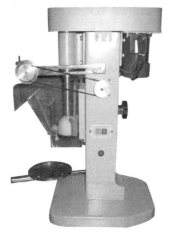

图 3.6　XFD 单槽浮选机

3. 实验仪器及设备

实验设备:1.5 L 实验室用浮选机 1 台(图 3.6),可控温烘箱 1 台。

实验器皿:微量注射器 3 支,瓷盆若干个。

实验药品:水玻璃,柴油,甲基异丁基甲醇。

实验材料:0.5 mm 废弃石墨颗粒 1 kg。

4. 实验步骤

(1)调浆:将石墨组件破碎过程中产生的粒度为 −0.5 mm 的颗粒倒入调浆槽中,加水形成料浆,控制料浆中固体含量为 5%~8%(质量比),在常温常压下连续搅拌均匀。

(2)抑制和搅拌:在调浆槽中一边搅拌一边先后均匀加入抑制剂水玻璃 0.5~1.5 kg/t、捕收剂柴油 0.8~1.2 kg/t、甲基异丁基甲醇 0.3~0.5 kg/t,搅拌均匀后将料浆倒入浮选槽,并用烧杯向浮选槽加水至第一道刻度线。

(3) 一次粗浮选:在自然 pH 条件下,将料浆进行一次粗浮选 3 min,获得一次粗浮选泡沫和底流。

(4) 二次粗浮选:保持料浆自然 pH,一边搅拌一边先后均匀加入水玻璃 0.5～0.8 kg/t、柴油 0.3～0.8 kg/t、甲基异丁基甲醇 0.2～0.4 kg/t,将一次粗浮选底流进行二次粗浮选 3 min,获得二次粗浮选泡沫和底流,所述二次粗浮选底流即硅产品。

(5) 磨料:将一次粗浮选和二次粗浮选的泡沫产品合并后进行磨料,磨料细度为−200 目占 55%～58%(质量比)。

(6) 一次精浮选:将磨后产品加入 0.5～1.0 kg/t 水玻璃,进行一次精浮选 3 min,获得泡沫产品即为石墨,底流闭路返回一次粗浮选作业。

(7) 随着浮选的进行,浮选槽中的液位会逐渐降低,为了保证均匀刮泡,需要用洗瓶不断补加清水,同时冲洗黏附在搅拌轴、槽壁上的颗粒。清水补加量以不积压泡沫、不刮水为准。

(8) 待无泡沫或泡沫基本为水泡后,关闭充气阀,停机。边壁黏附的颗粒用洗瓶冲水冲入浮选槽中,溢流口及刮子上的颗粒冲入精料,排出槽中尾料。

(9) 将分选产品过滤、脱水,烘干(不超过 75 ℃)至恒重,冷却至室温后称重,并制样、分析化验。

(10) 清理实验设备,整理实验场所。

具体流程如图 3.7 所示。

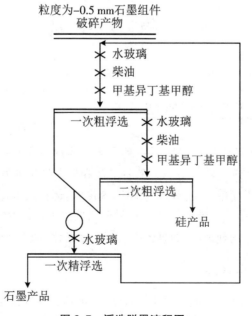

图 3.7　浮选脱墨流程图

5. 实验数据处理

(1) 测定石墨产品中碳含量及其碳回收率。

(2) 测定尾料硅产品中硅含量及其硅回收率。

将实验数据记录于表 3.2 中。

表 3.2   实验记录表

实验条件	入料浓度 (g/L)	起泡剂 (g/t)	捕收剂 (g/t)	充气量 m³/(m²·min)	主轴转速 (r/min)
分选结果	产品	质量		质量比(%)	回收率(%)
	精料(碳)				
	尾料(硅)				

6. 思考题

(1) 搅拌调浆阶段为什么不应充气?

(2) 简述捕收剂和起泡剂的作用机理。

(3) 如果将干试样直接倒入浮选槽可能会发生什么现象?

(4) 简述浮选药剂的种类与作用。

3.3   磁 力 分 选

3.3.1   磁力分选的原理

磁力分选(以下简称磁选)技术是一种重要的物理分选方法,它主要利用不同矿物之间的磁性差异实现物料的分离。随着工业和科学技术的发展,磁选的应用日趋广泛。由于磁选过程简单方便,分选范围广,速度快,运行成本低,且极少产生二次污染,所以不仅应用于传统的黑色金属及有色金属选矿工业、陶瓷工业、玻璃工业原料的制备以及冶金产品的处理等,而且还扩大到污水净化、烟尘及废气净化等方面。

1. 磁选的基本原理

磁选技术主要用于分选磁性不同的物质。被选物料在磁选机中成功分选的必要条件是:作用在较强磁性颗粒上的磁力 F_1 必须大于所有与磁力方向相反的机械

力 F_2(包括惯性力、重力、摩擦力、颗粒间的作用力等)的合力,同时,作用在较弱磁性颗粒上的磁力 F_1' 必须小于相应机械力之和 F_2'。图 3.8 以逆流式磁选机为例对磁选机的工作原理及被选颗粒的受力情况进行示意介绍。被选颗粒所受磁力可表示为

$$F_1 = \mu_0 kVHgradH$$

式中, μ_0 为真空磁导率; k 为比磁化率; V 为颗粒的体积; $HgradH$ 为磁场强度与其梯度的乘积。在被分选物的粒径一定的情况下,磁力大小决定于颗粒的磁性和磁选设备的磁场性质 $HgradH$。在实际磁选过程中,往往通过提高磁选设备的磁场强度和磁场梯度等参数来提高磁性颗粒所受的磁力。

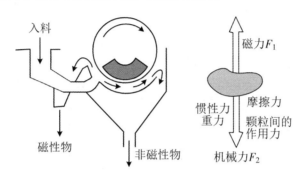

图 3.8　逆流式磁选机及被选颗粒受力示意图

2. 物质的磁性与可选性

对物料进行有效磁选的必要前提是物料中各组分的磁性存在显著差异,同时,这些矿物组分在结构上是可以分开的。因此,要确定所研究的物料能否采用磁选,首先必须分析物料的磁性,即事先对物料进行磁性表征、做预先实验,才能确定磁选操作条件和流程结构。

(1) 破碎筛分(分级)

破碎筛分可使被选物料中磁性组分与非磁性组分实现物理分离,并使入选物料粒度符合磁选工艺的要求。破碎粒度由物料性质、磁选设备及产品要求决定。磁性物料的破碎及筛分工艺可参见本书"2.1　破碎"部分相关内容。

(2) 物料按磁性分类

各种矿物比磁化系数的测定,在磁选可选性研究工作中有很重要的意义。测定有用矿物与脉石矿物的比磁化系数后,可以初步估计它们的分选效果。矿物按其磁性强弱可分为 3 类:

① 强磁性矿物。这种矿物的比磁化系数大于 35×10^{-6} m³/kg。属于这类矿物的主要有磁铁矿、钛磁铁矿、磁赤铁矿、磁黄铁矿等。此类矿物属于易选矿物,可用约 0.15 T 的弱磁场磁选机分选。

② 弱磁性矿物。这种矿物的比磁化系数为 $7.5 \sim 0.1 \times 10^{-6}$ m³/kg。属于这类矿物的最多,如各种弱磁性铁矿物(赤铁矿、褐铁矿、菱铁矿、铬铁矿等),各种锰矿物(水锰矿、碘锰矿、菱锰矿等),大多数含铁和含锰矿物(黑钨矿、钛铁矿、独居石、铌铁矿、钽铁矿、锰铌矿等)以及部分造岩矿物(绿泥石、石榴石、黑云母、橄榄石、辉石等)。这些矿物的磁性跨度较大,少部分容易磁选分离,多数难以分选,因而磁选过程中所需磁场变化范围较宽,一般为 $0.5 \sim 2.0$ T。

③ 非磁性矿物。这类矿物的比磁化系数小于 1×10^{-6} m³/kg。现有多数磁选设备不能有效地进行回收。属于这类矿物的较多,如白钨矿、锡石和自然金等金属矿物,煤、石墨、金刚石和高岭土等非金属矿物,石英、长石和方解石等脉石矿物。此类矿物磁性很弱,但随着磁选技术的发展,特别是超导磁选、高梯度磁选技术的迅速发展,其中部分弱矿物也可以通过磁选法回收。

(3) 改变物料的磁性质

为提高磁选效率,可对磁性物料进行物理化学预处理,以提高其磁性。常见方法有提高铁矿石磁性的还原焙烧法,此种方法可大幅提高矿石中磁性 Fe 原子(Fe^{2+})的比例。也可通过添加强磁性磁种,提高弱磁性矿物的比磁化率。

3.3.2　分析方法

磁选的主要依据是矿物的磁性差异。因此,磁选前首先要对被选物料中各组分进行磁性分析,以检验其可选性。物料的磁性分析主要包括其中矿物的磁性(比磁化率)检测和矿物中的磁性物含量分析。

1. 物料的磁性分析

物料磁性分析的目的在于确定物料中磁性矿物的磁性大小及其含量。通常在进行矿产评价、物料可选性研究以及给验磁选厂的产品和磁选机的工作情况时,都要做磁性分析。物料的磁性分析主要包括矿物的比磁化系数的测定与物料中磁性矿物含量测定两部分。

常用磁性检测仪器有基于磁感应效应(法拉第效应)的振动样品磁强计(VSM)、超导量子磁强计(SQUID)、提拉样品磁强计(ESM)及基于磁-力效应的磁天平、磁转矩仪等。其中 VSM 是较常用的设备,利用它可以直接测量磁性材料的磁化强度随温度变化的曲线、磁化曲线和磁滞回线,能给出磁性的相关参数,诸如矫顽力 H_c、饱和磁化强度 M_s 和剩磁 M_r 等。

2. 磁性矿物含量分析

实验室常用磁选管、手动磁力分析仪、自动磁力分析仪、湿式强磁力分析仪和交直流电磁分选仪等分析物料中的磁性矿物含量,其中磁选管最常用。通过磁性物含量分析,可对矿物进行定量的磁可选性工业评价,审核改进磁选过程及磁选机的工作情况。对磁性分析仪器的要求是:矿物按磁性分离的精确度高,可调范围比较宽,处理少量物料时损失不大于 2%。

3.3.3　仪器结构与原理

1. 磁选管

磁选管的工作原理是在 C 形电磁铁的两极之间装有玻璃管,并做往复移动和旋摆运动,当磁选管中的试样通过磁场区时,磁性物即附着于管壁,非磁性物在机械运动中被水冲刷而排出,使磁性物与非磁性物分离。以磁性物和试样的质量百分比来表示磁性物含量。如图 3.9 所示,磁选管工作时的磁场强度可通过调节通过线圈的电流强度连续可调,一般磁场强度范围为 0~350 mT。

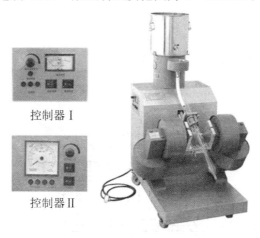

控制器 I

控制器 II

图 3.9　磁选管及仪表盘

2. 辊式干法磁选机

辊式干法磁选机用于实验室干法分选弱或强磁性矿物。如图 3.10 所示,它采用双工作面闭合磁路,由励磁系统、传动机械给矿系统及产品清扫收集系统组成。电磁振动、给矿器将矿物给入分选区,通过控制激磁电流大小,使矿物通过磁隙时自动分成磁性物和非磁性物排出机外,达到分选效果。辊式干法磁选机的磁场强度和磁辊转速连续可调。

图 3.10　辊式干法磁选机

3.3.4　铁矿石中的磁性物含量测定

1. 实验目的

(1) 了解磁选管的构造和工作原理。

(2) 检测磁铁矿粉磁性物含量,并测定其真密度,会评判其磁可选性。

2. 实验原理

(1) 利用磁选管测定铁矿石中的磁性物含量。磁选管如图 3.11 所示,通过调节线圈中的电流强度控制 C 形电磁铁两极之间的磁场强度,电磁铁的两圆锥磁极之间装有玻璃管,在电极驱动下可做往复移动和旋摆运动。当被分选试样通过磁场区时,磁性物在磁场作用下附着于管壁,非磁性物在机械运动中被水冲刷而排出,使磁性物与非磁性物分离。以磁性物和试样总质量的百分比来表示磁性物含量。

(2) 利用排水法测定铁矿石真密度。

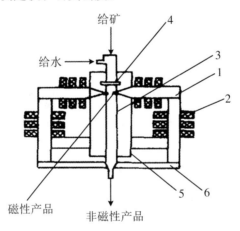

图 3.11　磁选管结构示意图

1. C 形铁芯;2. 线圈;3. 玻璃分选管;4. 铜环;

5. 非磁性材料支架;6. 底座(含电动机)

3. 实验器材与原料

(1) 实验设备:磁选管 1 台,制样机 1 台(出料粒度为 80～200 目),烘干机 1 台,真空烘箱 1 台。

(2) 实验器皿:200 目,325 目筛子各 1 个,1000 mL 烧杯 1 个,500 mL 烧杯 3 个,50 mL 量筒 2 个(最小分度值为 1 mL),塑料盆 2 个。

(3) 实验材料:磁铁矿粉 5 kg,无水乙醇 1 瓶。

4. 实验步骤

（1）取样干燥:称取磁铁矿粉 500 g,100 ℃充分干燥后,破碎至 0.147 mm 以下。

（2）称取 5 份磁铁矿粉干燥试样,每份 20 g。

（3）实验步骤:

① 测定磁铁矿粉真密度。取 50 mL 量筒 1 个,加 30 mL 水,将称量好的磁铁矿粉放入 50 mL 量筒中,使其充分润湿,测得最终体积,然后计算磁铁矿粉的真密度。

② 测定磁铁矿粉中粒径小于 0.074 mm 和 0.045 mm 的颗粒的含量。分别称取磁铁矿粉 100 g,用 325 目和 200 目筛子筛分,测得筛下物含量,通过计算获得粒径小于 0.045 mm 和小于 0.074 mm 的百分含量。

③ 测磁铁矿粉的磁性物含量:

（a）将试料置于已加入 500 mL 水和 5 mL 酒精的烧杯中,用玻璃棒搅拌 5 min,使试样充分混合。

（b）检查磁选管状态是否正常,玻璃管位置是否合适。

（c）将"磁场电源"开关打开,调节"磁场强度"旋钮,调至所需磁场强度值。

（d）将"电机电源"开关打开,此时,电机带动传动机构及玻璃管开始工作。

（e）用管夹夹紧玻璃管下端出口软管,先往玻璃管中加入清水,直到水面高于两磁极约 50 mm 处(确保下一步所加磁性物悬浮于水中),然后将烧杯中的磁性物混合液体缓缓地倒入漏斗(玻璃管中液面不得太高,约距漏斗处 50 mm,确保液体不从玻璃管上口溢出),同时打开玻璃管下部管夹,使液面基本保持恒定。玻璃管及其中液体在运动中,磁性物混合液体均倒入玻璃管后,再缓缓加入清水(确保磁性物悬浮于水中),非磁性物质随水流下沉直至排出管外,磁性物颗粒在磁力作用下附着于管壁两磁极处,直至排出液体不再含杂质。

（f）当排出液体不再含杂质时,停止加入清水,用管夹夹紧排水软管。将"电机电源"开关断开,电机停止工作。松开管夹,排出玻璃管内的清水。

（g）在玻璃管出口处放一个干净、干燥并称好质量为 M_0 的 500 mL 的烧杯。然后将"磁场电源"开关断开,切断磁场。将玻璃管拆下并左右转动,同时从漏斗处慢慢加入清水冲刷,把磁性物从玻璃管中冲洗干净,收集到烧杯中。

（h）将装有磁性物的烧杯进行烘干(有条件可用真空烘箱,注意烘干温度不超过 100 ℃),称量得到质量 M_1,由 $M_1 - M_0$ 获得磁性物质量 m_1。

（i）重复测量 2 次,最后结果取平均值。

（j）分别采用 5 个磁场强度 0.1 T,0.15 T,0.2 T,0.25 T,0.3 T 测量磁性物含量。

5. 数据处理与实验报告

(1) 计算公式

计算磁性物百分含量:

$$\beta = m_1/m_0 \times 100\%$$

式中,β 为磁性物含量;m_0 为试样质量,单位为 g;m_1 为磁性物质量,单位为 g。平行测定允许差为 0.5%(绝对差值),报告结果精确到小数点后一位。

(2) 实验报告要求

① 将实验条件与分选结果数据分别记录于表 3.3 和表 3.4 中。

② 分析实验条件与分选结果间的关系。

③ 表 3.5 为选煤重介质用的磁铁矿粉的物性指标,试分析本实验中的磁铁矿粉是否可用作重介质。

④ 作出 H-β 曲线,分析磁场强度对磁选管磁选效果的影响,并分析原因。

表 3.3　磁性物含量随磁场强度变化表

磁场强度(T)	0.1	0.15	0.2	0.25	0.3	平均值
试样质量 m_0(g)						
平均磁性物质量 m_1(g)						
磁性物含量(%)						

表 3.4　磁性物含量与粒度的关系

指标	总磁性物含量(%)	+325 目含量(%)	+200 目含量(%)
第 1 次			
第 2 次			
第 3 次			
平均			

表 3.5　选煤重介质的指标

指标		级别			
		特粗	粗	细	特细
真密度		>4.5	>4.5	>4.5	>4.5
磁性物含量		>95%	>95%	>95%	>95%
粒度组成	>125 μm	<10%	<5%		
	<71 μm	>70%	>80%		
	<45 μm	>55%	>65%	>80%	>90%

6. 思考题

(1) 磁场强度对磁性物含量测量有何影响?为什么?

(2) 为什么重介选煤要用磁性矿物?为什么对粒度有严格要求?

3.3.5　粉煤灰中磁性微珠分选实验

1. 实验目的

（1）在学习了磁选基本原理的基础上,利用磁选管和干法磁选辊对粉煤灰中的磁性微珠进行磁分离,分别获得最高产率。

（2）比较两种磁选设备的分选效果,进一步加深对磁选基本原理的理解。

（3）确定粉煤灰磁珠的可选性指标。

2. 实验原理

（1）粉煤灰磁珠又称高铁微珠或富铁沉珠,是粉煤灰中具有磁性的组分。鉴于粉煤灰磁珠良好的磁性和多孔结构,可用作磁种材料、磁性载体、磁性吸附剂的廉价原材料,用于污水的磁絮凝处理、催化降解及重金属吸附;粉煤灰磁珠还可用于替代重介质分选中的重介质。粉煤灰磁珠可以通过干法或湿法磁选设备实现分离分选回收。

（2）利用磁选管和辊式干法强磁选机分别对粉煤灰中的磁性微珠进行分选。磁选管是用于分析矿物中强磁性矿物含量的磁分析设备,主要由电磁铁和在电磁铁工作间隙内移动的玻璃管组成。它通过由 C 形铁芯和线圈组成的电磁铁产生磁场,待选矿物和水由玻璃管上端给入,强磁性矿物在通过电磁铁产生的磁场时由于磁力的作用被吸附在磁极附近的玻璃管内壁,非磁性矿物和弱磁性矿物则由于所受磁力较弱从玻璃管下端排出。

辊式干法磁选机用于干法分选弱或强磁性矿物,它采用双工作面闭合磁路,由励磁系统、传动机械给矿系统及产品清扫收集系统组成,电磁振动、给矿器将矿物给入分选区,通过控制激磁电流大小,使矿物通过磁隙时自动分成磁性物和非磁性物排出机外,达到分选效果。

3. 仪器设备与材料

仪器设备:磁选管 1 台,酒精 10 mL,200 目,325 目筛子各 1 个,制样机 1 台（出料粒度为 80～200 目）,烘干机 1 台,1000 mL 烧杯 1 个,500 mL 烧杯 3 个,50 mL 量筒 2 个,最小分度值为 1 mL,真空烘箱 1 台,实验用辊式干法磁选机,千分精度电子天平,100 目,140 目和 200 目筛子各 1 个,塑料盆 4 个。

试样:粉煤灰,磁铁矿粉。

4. 实验步骤

(1) 磁选管分选

① 矿物试样准备:选用某发电厂的粉煤灰,将粉煤灰原料经烘干处理后,利用 100 目,140 目和 200 目筛子对其进行筛分处理,获得＋100 目,－100 目到＋140 目,－140 目到＋200 目及－200 目的粉煤灰。如果粉煤灰中的磁性组分含量过低,根据情况可预先添加一定量的磁铁矿粉。将原料烘干称重分成若干份试样,以 20 g 为一个待选试样。利用磁选管进行磁性物含量测定。

② 打开调节冲洗水管的下部和上部夹具,调节两个夹具使管内充满水,水面高于磁极头 100～200 mm,并保持稳定。

③ 接通电源,打开磁场开关,将磁场强度调至 250 mT,开动传动装置。

④ 将待选试样倒入玻璃管,试样中磁性颗粒被吸附在磁极附近的管内壁上,非磁性部分随冲洗水从玻璃管下部排出,非磁性矿物排出用塑料盆盛装。玻璃管的上下移动和左右回转有利于非磁性矿粒排出,冲洗水连续冲洗 5～15 min 后分选可以停止。

⑤ 关闭两个夹具,切断电流,排出磁性矿物颗粒。

⑥ 将磁性产品和非磁性产品澄清、烘干和称重。

⑦ 重复操作 2 次,最终结果取 3 次的平均值,计算试样中磁性矿物的含量。

(2) 辊式干法磁选机分选

① 矿物试样准备:同磁选管分选。

② 检查设备状态,调整毛刷位置。

③ 打开电源,调节励磁电流,取少量粉煤灰进行预分选,获得最佳电流值。

④ 清理磁辊及料槽后,将励磁电流调至合适值。

⑤ 将称量好的粉煤灰从给料漏斗缓慢给料,获得磁性产物和非磁性产物,将非磁性产物再进行 2 次磁选。

⑥ 将 3 次分选获得的磁性产物汇集在一起即为最终磁珠产品,分别称量磁性物和非磁性物的质量。

5. 数据处理及实验报告

(1) 磁选管分选实验结果

要求将实验数据记录到磁性物含量实验记录表 3.6 中,并在坐标轴上作 H-γ 图,分析磁场强度 H 的变化与强磁性矿物产率 γ 之间的关系。

表 3.6 不同磁场强度下磁性物含量实验记录表(磁选管)

试样编号	原粉煤灰(g)	磁性产物(g)	非磁性产物(g)	磁性产物产率 γ(%)	磁场强度(Oe)
1					
2					
3					
4					
5					

(2) 辊式干法磁选机分选实验结果

将实验数据记录到磁性物含量实验记录表 3.7 中,并确定最佳磁场强度。

表 3.7 不同磁场强度下磁性物含量实验记录表(辊式干法磁选机)

试样编号	原粉煤灰(g)	磁性产物(g)	非磁性产物(g)	磁性产物产率 γ(%)	磁场强度(Oe)
1					
2					
3					

(3) 不同粒级粉煤灰中的磁性物含量分析

将磁选管的分选数据记录到磁性物含量实验记录表 3.8 中,分析粉煤灰中磁性物含量与粒径之间的关系,并分析原因。

表 3.8 不同粒径的粉煤灰磁性物含量实验记录表(磁选管)

粉煤灰粒级(目)	原矿(g)	磁性产物(g)	非磁性产物(g)	磁性产物产率 γ(%)
+100				
−100+140				
−140+200				
−200				

6. 思考题

(1) 在采用磁选管和辊式干法磁选机分选粉煤灰磁珠的实验过程中,哪些实验参数影响磁选产率?

(2) 通过实验可知粉煤灰中磁珠在粒径分布上有何特点?

(3) 粉煤灰磁珠分选干法和湿法各有什么优缺点?

3.4 电力分选

3.4.1 电力分选的基本原理

1. 电力分选的基本原理

电力分选(以下简称电选)是利用物料电性质不同而进行分选的一种物理分选方法。其分选机理(以电晕带电的电选机为例)如图 3.12 所示。在电晕电场中,构成电场的电极之一采用直径很小的丝电极,曲率很大,通以高压直流正电或负电(一般为负电),而另一电极为平面或直径很大的鼓筒并接地。在高电压作用下,丝电极周围空气被击穿,正电荷迅速飞向高压负电极,负电荷迅速飞向接地正电极,并在整个分选空间充满荷电体。此时当物料经过分选空间时,所有物料颗粒都带上了负电荷。由于物料与金属鼓面接触,其中的导体颗粒可以将负电荷传导给鼓面并失去电荷,从而做近似斜抛运动,落入分矿筒中;物料中的非导体颗粒由于带有负电,被吸附在筒体表面,运动至毛刷处,落入分矿筒中;而导电性介于二者之间的颗粒落入分矿筒中,成为中矿。

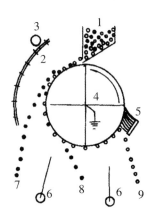

图 3.12　电晕带电电选机分选示意图

1. 给矿;2. 电晕电极;3. 静电电极;4. 转鼓;5. 毛刷;
6. 分矿板;7. 导体颗粒;8. 中矿;9. 非导体矿颗粒

目前,主要的电选技术包括高压电选、摩擦带电分选、介电分选、高梯度电选、电除尘等。电选主要用于各种矿物及物料的精选。电选前,大多先经重选或其他选矿方法粗选后得出粗精矿,然后采用单一电选或电选与磁选方法配合,得出最终精矿。电选实验不同于浮选、重选和磁选实验的地方是：① 由于电选的对象大多是其他选矿方法处理获得的粗精矿，而可选性评价时一般难以获得足够数量的粗精矿试样供实验使用，因此一般对实验的要求不能过高、过细；② 电选实验的实验室实验指标在大多数情况下与工业生产指标相同，因而通常在做完实验室实验以后，不一定要再做半工业或工业实验，就可据此进行设计或生产。

对于物料的可选性实验，首先要求确定采用电选的可能性，获得初步指标，在此基础上，进一步实验，获得提供电选的工艺流程和参数条件，并确定电选机的类型。

2. 物料的可选性

矿物的电性质是电选的依据。矿物的电性质是指矿物的电阻、介电常数、比导电度以及整流性等，它们是判断能否采用电选的依据。① 电阻。根据所测出各种矿物的电阻值，常将矿物分成导体、非导体和中等导体三种类型。导体：电阻小于 10^6 Ω；非导体：电阻大于 10^7 Ω；中等导体：电阻介于 10^6 Ω 和 10^7 Ω 之间。② 介电常数。介电常数是指带有介电质的电容与不带介电质（指真空或空气）的电容之比，用 ε 表示。介电常数的大小是目前衡量和判定矿物能否采用电选分离的重要判据，介电常数越大，表示其导电性越好，反之则表示其导电性差。一般情况下，介电常数 ε 大于 12 的，属于导体，用常规电选可作为导体分出；低于 12 的，若两种矿物的介电常数仍然有较大差别，则可采用摩擦电选使之分开，否则难以用常规电选方法分选。③ 比导电度。石墨是良导体，所需电压最低，仅为 2800 V，国际上习惯以它作为标准，将各种矿物所需最低电压与它相比较，此比值即定义为比导电度。根据矿物的比导电度，可大致确定其分选电压。④ 整流性。矿物表现出的与高压电极极性相关的电性质称为整流性。只获得正电荷的矿物称为正整流性矿物，如方解石，此时电极带负电；只获得负电荷的矿物称为负整流性矿物，如石英，此时电极带正电；不论电极是正还是负，均能获得电荷的矿物称为全整流矿物，如磁铁矿等。

3. 电选试样的准备

如前所述，电选试样大多为其他选矿方法处理后得出的粗精矿，不管是脉矿或砂矿，大都已单体解离，或者只有极少的连生体。电选入选粒度一般为 1 mm 以下，大于 1 mm 的粗精矿须破碎或磨碎到 1 mm 以下，然后筛分成不同粒级，分别送选矿实验。

（1）分样。条件实验时，每份试样为 0.5～1 kg，流程实验时需增加到每份 2～3 kg。分样时应特别注意重矿物可能因离析作用而沉积在底层，粉煤灰尤为如此。混匀时应尽可能防止离析，铲样时则必须设法从上到下都取到。

（2）筛分。试料的筛分分级对电选非常重要。电选本身要求粒度愈均匀愈好,即粒度范围愈窄愈好,但这与生产有很大的矛盾,只能根据电选工艺要求结合生产实际加以综合考虑。若通过实验证明较宽粒级选别指标仅仅稍低于较窄粒级的指标,则仍宜采用宽粒级而避免用筛分,因为细粒级物料的筛分总是带来很多问题,不但灰尘大,筛分效率低,而且筛网磨损大。但这不能硬性规定,应根据具体情况具体分析,一般稀有金属矿要求严格些,这有助于提高选矿指标;对一般有色或其他金属矿,则不一定很严,即可分级宽些。稀有金属矿通常划为$-500+250~\mu m$、$-250+150~\mu m$、$-150+106~\mu m$、$-106+75~\mu m$以及$-75~\mu m$等粒级;有色金属矿及其他矿可划为$-500+150~\mu m$、$-150+106~\mu m$、$-106+75~\mu m$、$-75~\mu m$等粒级,也有分为$-100+250~\mu m$、$-250+106~\mu m$、$-106+75~\mu m$、$-75~\mu m$的。

(3) 酸处理。电选试料有时也采用盐酸处理以去掉铁质的影响。由于原料中含有铁矿石,在磨矿分级以及砂泵运输中产生大量的铁屑,特别是在水介质中进行选矿,这些铁质又很容易氧化并黏附在矿物表面上,这就使得电选分离效果不好。本来属于非导体矿物,由于铁质黏附在污染矿物表面而成为导体矿物,另外,由于铁质的黏附而常使矿物互相黏附成粒团。这样就使选矿指标受到严重影响,达不到应有的效果。特别是在稀有金属矿物中常常采用粗盐酸处理以去掉铁质。此外,酸洗法还可以降低精矿中的含磷量。

采用酸处理方法,常常是先将试料用少量的水润湿,再加入少量的工业粗硫酸,用量为原料质量的$3\%\sim5\%$,使之发热并进行搅拌,然后再加入占试料重$8\%\sim10\%$左右的粗盐酸,进行强烈的搅拌,一般为$15\sim20~min$,随后加入清水迅速冲洗,这样多次加水冲洗,一般冲洗$3\sim4$次,澄清后倒出冲洗水溶液,再烘干分样,作为电选的试料,如果铁质很多,用酸量可能酌量增加。

3.4.2　分析方法

电选实验的程序通常包括以下几步:

(1) 预先实验:按照同类型矿物电选的经验,进行初步探索,观察初步的分选效果,作为下步条件实验的依据,故亦称探索性实验。

(2) 条件实验:按照一定的实验方法,系统地考查主要工艺参数对电选指标的影响,找出最佳工艺条件,获得最优选矿指标。

(3) 检查实验:按照已确定的工艺条件,进行校核实验,核实所选定的条件和所获得的指标,试样量一般比条件实验中单次实验要多,实验持续时间相应地也要长些。

(4) 工艺流程实验:在条件实验的基础上,通过实验确定流程结构,包括精选和扫选次数以及中矿的处理方法等。

3.4.3　仪器结构与原理

现在实验室型电选机大多数为电晕电场和复合电场两种。从结构形式来说，大多为鼓式。如图 3.13 所示，电选机由高压直流电源和主机两部分组成。将常用单相交流电升压然后半波或全波整流成高压直流正电或负电以供给主机。现在国内实验室使用的电选机的电压为 20～60 kV，大多数为 20～40 kV，输出为负电。主机由转鼓、电极、毛刷、给矿斗、接矿斗以及调节格板（或分矿板）等几部分构成。

图 3.13　高压电选机

根据需要，转鼓加热形式分为内加热或外加热及无加热等几种。鼓内加热或外加热能更好地分选。其中，内加热采用电阻丝，外加热有采用红外灯的，常使鼓的表面温度保持在 80 ℃ 以下。电极结构有各种形式，有单根电晕丝、多根电晕丝的电晕电场，有静电场（偏极）与电晕电场相结合的复合电极，还有尖削形的复合电极（又名卡普科电极）。目前，卡普科电极比较普遍，其特点是将静电极与电晕极相结合，选矿效果较好。图 3.14 为卡普科电选机电极示意图。

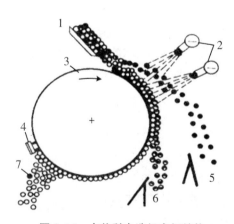

图 3.14　卡普科电选机电极结构

1. 给矿斗；2. 电极；3. 转鼓；4. 毛刷；5. 导体颗粒；
6. 中矿颗粒；7. 非导体矿颗粒

3.4.4　粉煤灰中残炭的高压电选实验

1. 实验目的

（1）加深对电选基本原理的理解。

（2）利用高压电选机对粉煤灰中的残炭进行分离分选,调节相关分选参数获得最高产率。

（3）估算粉煤灰中残炭的可选性指标。

2. 实验原理、方法和手段

高压电选机的工作原理:具有不同导电率的各种物料通过电场时,由于静电感应或俘获带电离子的作用而带上电荷,由于各种物料的导电性不同,而在电场中显示不同的荷电性质,并与高压电极产生不同的电作用力。物料颗粒同时还受到重力作用,在二者合力的作用下,产生不同的运动轨迹,然后借助接料器具,达到将不同导电性矿物分离的目的。

工业固体废弃物粉煤灰是一种成分多样的混合物。其中残炭是煤未燃烧完全残留的颗粒,它的类型及丰度主要与煤岩组成、变质程度和燃烧方式有关。粉煤灰中的炭粒一般是形状不规则的多孔体。炭粒内部多孔,结构疏松,易碾碎,孔腔吸水性高。粉煤灰中炭粒粒径较大,一般大于粉煤灰的平均粒径,小颗粒以片状居多,含有少量角粒状。粉煤灰中的炭粒对粉煤灰的综合利用会产生负面影响,其高温烧结烧失量大,是制备水泥、烧结砖、陶瓷等材料时的有害成分。因而,采取恰当的方法去除非常必要。常用除炭浮选由于需要消耗大量水及药剂材料,因而具有很多限制。而利用高压电选法除炭,具有不需消耗水源、简便易行的特点。

3. 仪器设备与材料

仪器设备:高压电选机,台式天平,烘箱,标准套筛,直径 $250~\mu m$,$150~\mu m$,$106~\mu m$ 及 $75~\mu m$ 的筛子各 1 个,底、盖 1 套。

试样:粉煤灰。

4. 实验过程与操作技术

(1) 分样

条件实验时,每份试样为 $0.5\sim1~kg$。充分混匀尽可能防止离析,铲样时则必须设法从上到下都取到。

(2) 筛分

电选本身要求粒度愈均匀愈好,即粒度范围愈窄愈好。本实验中将粉煤灰粒径划为 $-250+150~\mu m$,$-150+106~\mu m$,$-106+75~\mu m$ 以及 $-75~\mu m$ 等粒级。

(3) 条件实验

对影响电选的各项因素进行系统的实验,从而找出主要和次要因素,然后确定最好的条件,以便在流程实验时采用,从而得出最好的选矿指标。条件实验时,可采用优选法或数理统计的方法,也可采用常规固定的其他因素,每次改变一个因素的方法对比,以找出最好的条件。主要影响因素有电压(kV/cm)、极距及电极位置、转鼓转速、物料加温温度、分级、分矿板位置。此外,给矿量的大小也会影响选矿指标。影响电选效果的因素主要是前面 4 个。

① 电压。电压的高低用 kV/cm 表示,指带电电极与接地电极(转鼓)之间的电压。在同一条件下,改变电压,然后对比选矿指标(精矿品位及回收率),从中找出适合的电压。在实际中,电压高低起着很重要的作用。例如有的钽铌矿(高钽)至少需要 $40\sim50~kV$(相当于 $6.6\sim8~kV/cm$),才能有效地分选。某地另一铌铁矿,所需电压只有 $30\sim35~kV$(相当于 $4\sim4.5~kV/cm$)就能有效分选。而选别白钨和锡石时,在电压 $20\sim35~kV$(相当于 $3.3\sim3.5~kV/cm$)时,就能分选。但这不能硬性规定,实际中也常有出入。为了选择各种矿物的起始电压,可参阅矿物的比导电度及介电常数以了解其电性。

根据作业不同,采用的电压也有差别。常常在粗选时采用稍低的电压(适当加大转速),使导体矿物尽可能地分选出来;扫选时,再将电压适当提高(加大转速);精选时,适当提高电压(降低转速),有利于提高精矿品位。本实验依据以上经验电极电压参数调节电压值。

② 极距及电极位置。极距是指带电电极与接地电极之间的距离。采用高电压,小极距,场强大,同条件时,容易产生电晕放电,但实际选矿时,很易产生火花放电,严重影响选矿效果;采用低电压,大极距,虽然不易产生火花放电,电场比较稳定,但难以产生电晕放电,又难以有效分选。为此必须按每厘米多少千伏核算电压,过大过小都有影响。实验中极距通常为 $40\sim60~mm$,通过对比实验确定以多大为宜。生产上则常使用较大的极距,一般在 $70\sim80~mm$。

电极位置是指起始电晕极和偏极(有时无偏极)相对于转鼓的第一象限的角度而言,一般第一根电晕丝与转鼓中心线之间的夹角为 $30°$ 左右,偏极与转鼓中心线之间的夹角一般为 $45°\sim60°$。若采用尖削电极(卡普科电极),则相对角度为 $45°\sim60°$ 较好。多根电晕丝的第二、三根电晕丝的影响不及第一根丝显著。如果电晕极所占鼓筒弧度大,则精矿品位(指导体)高,而回收率则有所下降,因此必须视所选矿物的具体要求而定。考虑到课时限制及安全因素,本实验不要求调节极距及电极位置。

③ 转鼓转速。最好按转鼓线速度计算,即以 m/s 计算恰当。因转鼓的直径不同,同一转速的线速度就有显著差别,这会影响到选矿指标。一般原则是粒度大,转速小;粒度小,转速大。对处理各种矿石的转速只有参照同类矿石及通过对比实验加以确定,而且与选矿属于粗、精、扫作业的要求有关。如某稀有钽铌矿,经过实验的转鼓速度随粒度不同而有明显差别,如表 3.9 所示。在实验时,还可在探索中随时调节,观察分选效果后再确定,然后进行条件对比,选择最合适的转速。本实验依据以上经验转速调节转鼓转速。

表 3.9　电选实验中转鼓转速与粒度的对应关系表

粒度范围(μm)	＋250	－250＋150	－150＋106	－106＋80
适用的转鼓转速范围(m/s)	0.55～0.63	1.18～1.35	1.83～1.96	2.17～2.5

④ 物料加温温度。电选是干式作业,对物料中含水要求比较严格。为此电选前必须加温,一方面去掉黏附于矿物表面的水分,另一方面还可提高矿物的电性。因为水分黏附于非导体矿物表面时,严重影响电性,其结果是非导体常混杂于导体中,使选矿效果变坏。常将物料在矿斗中加热至 60～300 ℃,然后再电选。实践证明,加温比不加温效果要好,有些矿物如不加温,没有什么分选效果。究竟加温到多少摄氏度为好,可通过对比确定,而不能片面地认为加温越高越好。加温太高,实践意义也越小。例如白钨和锡石的分选,证明当矿石加温正好在 200 ℃时白钨精矿质量最高,锡石分出效率也很高。有的矿物如石榴子干石,当加温超过 250 ℃时,导电性变好,反而增加了电选的困难,因此大多在 60～200 ℃为宜。考虑到课时限制,本实验不要求对物料进行加温。

⑤ 分矿板位置。分矿板是指鼓筒下的调节格板,它起到分出精、中、尾三种产品的作用。分矿板位置不同,直接影响精、中、尾矿质量。调节时还与电选作业及要求有关,如果要求多得精矿量(即精矿品位可稍低时),则可将分矿板往里调,减少中矿量;反之则往外调,减少精矿量,提高精矿品位。如果扫选丢尾矿,则应尽可能降低尾矿品位,而将分矿板往内调。如只要求分出精矿和尾矿,则可将中矿取消,此时将两个分矿板密合。具体位置则可在实验中探索观察,做简单对比而定。考虑到课时限制,本实验不要求调节分矿板位置。

⑥ 给矿量。这不是主要的影响因素。在其他条件相同时,给矿量太大,也会影响选矿指标。本实验对此项不做考虑。

(4) 残炭回收率检测

实验前教师对粉煤灰中的残炭含量进行浮选,获得平均残炭含量。本实验采用烧蚀法检测残炭回收率。将每份精矿样品(炭含量高的样品)置于 800 ℃马弗炉中燃烧 2 h,在空气中冷却后称重。

5. 实验报告

要求将实验报告的实验数据记录在表 3.10 和表 3.11 中,绘制 U-η(回收率)曲线和 ω-η 曲线,并讨论电极电压及转鼓转速对电选效果的影响规律。

表 3.10　电压实验记录表

电极电压 U(kV)	精矿质量 (g)	尾矿质量 (%)	炭烧蚀量 (g)	精矿品位 (%)	尾矿品位 (%)	残炭回收率 (%)

表 3.11　转鼓转速实验记录表

转鼓转速 ω(r/min)	精矿质量 (g)	尾矿质量 (%)	炭烧蚀量 (g)	精矿品位 (%)	尾矿品位 (%)	残炭回收率 (%)

分析:从粉煤灰中分选残炭最佳的工艺参数是什么? 为什么与经典矿物的分选参数有较大差异?

6. 思考题

(1) 影响粉煤灰脱炭的高压电选参数有哪些?

(2) 如何做可使高压电选达到最佳的脱炭效果? 残炭在粉煤灰各粒径中的分布规律是怎样的?

3.5 涡电流分选

3.5.1 涡电流分选的基本原理

1. 涡电流分选的基本原理

涡电流分选(eddy current separation,ECS)是利用物质电导率不同进行分选的一种分选技术,其分选原理基于两个重要的物理现象:一个随时间而变的交变磁场总是伴生一个交变的电场(电磁感应定律);载流导体产生磁场(毕奥-萨伐尔定律)。在此介绍的涡电流分离原理及磁辊结构示意图如图 3.15 所示。

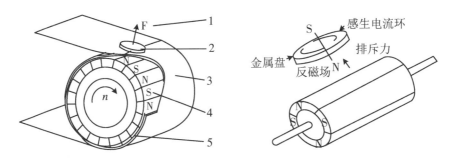

图 3.15 涡电流分离原理及磁辊结构示意图
1. 涡流力;2. 金属废料;3. 皮带;4. 磁辊;5. 滚筒

涡电流分选机的主体是磁辊,它是由永磁体按照 N/S 磁极交替排列组成的。当磁辊高速旋转时,将在磁辊表面区域产生一个交变磁场。当金属(导体)材料块体通过磁场时,将在金属内产生涡电流。涡电流本身产生交变磁场,该磁场与磁辊中的磁场方向相反,此时磁辊即对金属产生排斥力,在排斥力的作用下,金属物料的运动轨迹发生变化,从而从物料流中分离出来,达到分选的目的。涡电流对导体产生的斥力和磁场变化强度、导体的导电率、密度、面积及形状等因素有关。对于不同的有色金属物料,斥力大小与有色金属的物理特性有关,受力可表示为

$$F_e = H^2 m f \sigma / (\rho s) \tag{3.1}$$

$$f = np/2 \tag{3.2}$$

式中,H 为磁极表面的磁场强度,单位为 T;m 为物料的质量,单位为 kg;f 为磁

辊磁场交变频率;σ 为电导率,单位为 S^{-1}/m;s 为物料形状因子;n 为磁辊转速;p 为磁极数。

由式(3.1)和(3.2)可知,当其他条件固定时,废料受到的涡流排斥力只与电导率相关,根据电导率区分不同的有色金属材料,此即涡电流分选机的分选原理。从公式定量分析来看,涡电流分选机可以通过提高磁场强度、增大磁辊转速及增加磁极个数的办法使分选斥力达到最大值。但是,随着频率 f 的增大,由集肤效应可知交变磁场穿入导体颗粒的深度将逐渐减小,故当 f 增大到某一临界值后,斥力反而减弱,所以涡电流分选频率提高是有限度的。

涡电流分选技术的分选效果在很大程度上取决于废金属混合料的形态、粒度、组分等情况以及磁场强度、变化频率、转子转速、给料速度等工艺参数。目前,国产涡电流分选设备对于不同形态、规格的多种废金属混合破碎料的分选效果还不够好,其中铝的分选率只能达到 80% 左右。另外,控制柜操作多为手动控制,自动化程度低,柔性差,控制精度低。

2. 材料的可选性

表 3.12 为一些金属的比电导(σ/ρ)因子值。由比电导值可以判断物料在涡电流分选时所受斥力的大小,从而确定其分选的难易程度。通常高导电率、低密度材料所受的斥力最大,常见于有色金属中,以铝的比电导值最高。

表 3.12　常见有色金属的比电导　　　　　　(单位:$S \cdot m^2/t$)

金属	铝	锌	锡	铜	黄铜
比电导	14	2.4	1.2	6.7	1.7
金属	镁	金	铅	银	镍
比电导	12.9	2.2	0.4	6	1.4

3. 涡电流分选的应用

涡电流分选机主要用于从生活垃圾、工业垃圾、工业炉渣、电子家电废弃物、玻璃碎料、废塑料、锅炉底灰、废汽车切片中回收铜、铝、锡、铅、不锈钢等各类弱磁性导体物、非磁性导体物和有色金属环保回收领域,也可用于其他行业各类有色金属加工物料处理。涡电流分选一般与其他分选技术联用,其前置分选工艺包括重选、磁选等。涡电流分选的典型应用有城市生活固体废弃物、废旧汽车中的有色金属等非磁性金属材料的分类回收,一般工艺流程如图 3.16、图 3.17 所示。

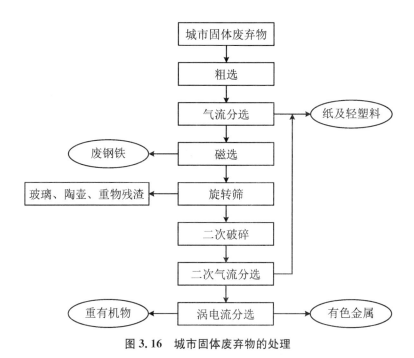

图 3.16　城市固体废弃物的处理

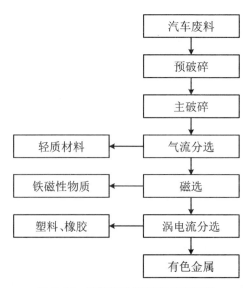

图 3.17　废旧汽车资源化处理流程

3.5.2 涡电流分选实验

1. 实验目的

(1) 了解涡电流分选的基本原理,掌握涡电流分选的一般规律。

(2) 利用涡电流分选机从建筑垃圾有色金属、塑料、玻璃混合物中分选有色金属,调节相关分选参数获得最高产率。

2. 实验原理

涡电流分选是利用物质电导率不同进行分选的一种分选技术,它是一种在固体废弃物中回收有色金属的有效方法。20 世纪 80 年代末,德国和美国相继成功研制了 Nd-Fe-B 永磁辊式涡电流分选机,如图 3.18 所示。涡电流分选原理基于两个重要的物理现象:一个随时间而变的交变磁场总是伴生一个交变的电场(电磁感应定律);载流导体产生磁场(毕奥-萨伐尔定律)。

图 3.18 涡电流分选机

工作时,在分选磁辊表面产生高频交变的强磁场,当有导电性的有色金属经过磁场时,会在有色金属内感应出涡电流,此涡电流本身会产生与原磁场方向相反的磁场,有色金属(如铜、铝等)则会因磁场的排斥力作用而沿其输送方向向前飞跃,实现与其他非金属类物质的分离,达到分选的目的。其主要区分判据是物料导电率和密度的比率值,比率值高的较比率值低的物料更易分离。

涡电流分选机主要用于从工业和生活废料中回收非铁金属,对多种非铁金属有良好的分选效果,能有效地将非金属物料与有色金属实施自动分离,减少劳动力,高效回收金属,增加产值。典型的适用场合有:① 废金属分选厂:从有色金属中剔除非金属垃圾;② 废旧汽车拆解破碎厂:分离破碎料中的有色金属和非金属;

③ 从铝铜铸造砂、熔炼灰中分选收集铝和铜;④ 从玻璃瓶中去除铝瓶盖及铝合金件;⑤ 从印刷板中集中收集有色金属;⑥ 从焚化后的生活垃圾中收集有色金属,从城市垃圾中分选收集铝合金罐。但它不适合细颗粒有色金属分选,不适合铁类金属分选,物料形状大小越均匀,分选效果越好。

涡流分选影响因素众多,如果不事先确定好操作参数,就不能达到理想的分离效率,难以满足生产需要。已有正交实验表明,在磁极磁场强度、物料尺寸一定的条件下,磁辊转速与输送带喂料线速度之差($\omega R - v$)为影响涡流分选的关键因素,输送带喂料速度(v)为一般因素,接料位置(H)为次要因素。喂料速度越小,磁辊转速与输送带喂料线速度之差越大,分选效果越好。

3. 仪器设备及材料

(1) 涡电流分选机,电子天平,大孔筛 1 套,中号搪瓷盘、大盆各 3 个。

(2) 厂家提供的标样若干。

(3) 塑钢窗碎片或碎玻璃及金属瓶盖、易拉罐碎片(如果有色金属含量不高,可根据情况再加入少量铜、铝碎片)2 kg。事先对粒料按尺寸分级,粒级分别为 $-60+40$ mm, $-40+20$ mm, $-20+10$ mm, -10 mm。

4. 实验步骤与操作技术

学习设备操作规程,熟悉实验系统;确保实验过程的顺利进行及人机安全。

(1) 接通电源,打开磁辊电源和输送带电源开关,检查设备运行是否正常;利用厂家的标样,进行涡电流分选实验,获得涡电流分选的一般经验参数值。

(2) 调节磁辊转速和输送带速度至经验值,将粒级分布为 $-40+20$ mm 的塑钢窗碎片 200 g 置于给料斗中,控制给料口宽度,以保证均匀给料,观察分料情况,调整分料板角度,达到最佳的分选效果后锁紧分料板锁紧螺母。

(3) 根据设备特性,分 5 级调节磁辊转速和输送带速度,称取并记录分离后金属产物和非金属产物的质量,分选结束,再将非金属产物涡电流分选 2 次;记录获得最大分离效率及金属回收率的参数;记录调节过程中的相关参数。

(4) 更换其他粒级的样品,重复上述步骤①～③。

(5) 关闭总电源,整理仪器,打扫实验场所。

(6) 有色金属产率及回收率检测方法:课前教师通过在重液或水中重选分离的方法获得被测样品中的有色金属含量 γ。对于每次涡电流分选获得的样品,采取称重的方法获得有色金属产物质量 α 和非金属产物质量 β。利用如下公式计算有色金属产率 μ 和金属回收率 η:

$$\mu = \alpha/(\alpha + \beta)$$
$$\eta = \alpha/(200\gamma)$$

5. 数据处理、实验报告

实验报告如表 3.13～表 3.17 所示。

（1）将实验数据和计算结果按规定填入实验记录表 3.13～表 3.16 中。

（2）表 3.17 中的数据来源于表 3.13～表 3.16 中的最高有色金属产率和最大金属回收率。

（3）根据表 3.13～表 3.17 中的数据分析样品粒度对涡电流分选的影响。

（4）完成思考题，编写实验报告。

表 3.13　涡电流分选实验记录表 1

试样种类：＿＿＿＿＿＿　　试样粒度：－40＋20 mm　试样质量：＿＿＿＿＿＿ g

磁辊转速 ω(r/min)	输送带速度 v(m/s)	$\omega R-v$ (m/s)	金属产品质量(g)	非金属产品质量(g)	金属产率 (%)	金属回收率 (%)

表 3.14　涡电流分选实验记录表 2

试样种类：＿＿＿＿＿＿　　试样粒度：－20＋10 mm　试样质量：＿＿＿＿＿＿ g

磁辊转速 ω(r/min)	输送带速度 v(m/s)	$\omega R-v$ (m/s)	金属产品质量(g)	非金属产品质量(g)	金属产率 (%)	金属回收率 (%)

表 3.15　涡电流分选实验记录表 3

试样种类：＿＿＿＿＿＿　　试样粒度：－60＋40 mm　试样质量：＿＿＿＿＿＿　g

磁辊转速 ω(r/min)	输送带速度 v(m/s)	$\omega R-v$ (m/s)	金属产品质量(g)	非金属产品质量(g)	金属产率（％）	金属回收率（％）

表 3.16　涡电流分选实验记录表 4

试样种类：＿＿＿＿＿＿　　试样粒度：－10 mm　试样质量：＿＿＿＿＿＿　g

磁辊转速 ω(r/min)	输送带速度 v(m/s)	$\omega R-v$ (m/s)	金属产品质量(g)	非金属产品质量(g)	金属产率（％）	金属回收率（％）

表 3.17　样品粒度对涡电流分选效果影响表

样品粒度	最佳 $\omega R-v$ (m/s)	金属产品质量(g)	非金属产品质量(g)	金属产率（％）	金属回收率（％）

6. 思考题

（1）影响涡电流分选效果的因素有哪些？如何快速找到最佳的工艺参数？

（2）在涡电流分选机中增设一个中间产品料斗是否具有意义？为什么？

（3）如何在电子垃圾和生活垃圾处理中利用涡电流分选机？

第4章 资源监测与检测

二次资源的资源化建立在有效的资源监测与检测分析的基础上。资源化加工前,需要对物料的赋存状态、物理化学性质及资源化潜力进行评价;加工处理后,需要对产品和副产物的物化性能及应用指标进行检测分析。

二次资源按照存在形态可以分为固体废弃物、液体废弃物和气体废弃物。其中固体废弃物是指人们在开发建设、生产经营和日常生活活动中向环境排出的固体和泥状废弃物,一般分为危险固体废弃物和一般固体废弃物。它按照来源不同可分为工业、矿业、城市垃圾、农业固体废弃物等。固体废弃物资源的检测可分为采集样品、样品制备和检测分析等环节。采集样品的基本要求是具有代表性。样品制备的目的是将原始试样制成满足实验室分析要求的分析试样,即数量缩减到几百克、组成均匀(能代表原始样品)、粒度细(易于分解)的试样。工业固体废弃物样品制样的步骤包括破碎、过筛、混均、缩分等。需要分解制样的物料通过溶解法、熔融法、湿法消解以及灰化处理等工艺实现。考虑本书的内容范围,本章涉及的检测方法包括原子吸收光谱、红外光谱、气相色谱、水质检测及磁性分析等。

4.1 消 解

样品分解最常用的方法是溶解法、熔融法、湿法消解以及灰化处理。溶解法通常采用水、稀酸、浓酸或混合酸等处理,酸不溶组分常采用熔融法。对于难分解样品,采用高压闷罐消解可收到良好的效果。有机成分含量较高或含有高分子物质的样品主要采用灰化处理,当待测组分的挥发性较高时可用低温灰化法分解样品。对于那些容易形成挥发性化合物的待测组分,采用蒸馏法可使样品的分解与分离同时进行。

4.1.1 湿法消解

湿法消解也称酸消化法,主要是指用不同酸或混合酸与过氧化氢或其他氧化剂的混合液,在加热状态下将含有大量有机物样品中的待测组分转化为可测定形态的方法。样品如果是含有大量有机物的生物样品,通常采用混酸进行湿法消解。湿法分析要求测试对象成为溶液状态,这在目前实验室工作中占大多数。

各种酸中沸点在 120 ℃ 以上的硝酸是广泛使用的预氧化剂,它可以破坏样品中的有机质。硫酸具有强脱水能力,可使有机物碳化,使难溶物质部分降解并提高混合酸的沸点。热的高氯酸是最强的氧化剂和脱水剂,由于其沸点较高,可在除去硝酸以后继续氧化样品。在含有硫酸的混合酸中过氧化氢的氧化作用是基于过氧硫酸的形成,由于硫酸的脱水作用,该混合溶液可迅速分解有机物质。当样品基体含有较多无机物时,多采用含盐酸的混合酸进行消解,而氢氟酸主要用于分解含硅酸盐的样品。酸消化通常在玻璃或聚四氟乙烯容器中进行。

由于湿法消解过程中的温度一般较低,待测物不容易发生挥发损失,也不易与所用容器发生反应,但有时会发生待测物与消解混合液中产生的沉淀发生共沉淀的现象,比如当用含硫酸的混合酸分解高钙样品时,样品中待测的铅会与分解过程中形成的硫酸钙产生共沉淀,从而影响铅的测定。

湿法消解操作简便,可一次处理较大量的样品,适用于水样、食品、饲料、生物等样品中痕量金属元素的分析。该法的缺点是:① 若要将样品完全消解需要消耗大量的酸,且需高温加热(必要时温度 >300 ℃),为避免器壁及试剂给样品带来玷污,消解前将所用容器用 1:1 的 HNO_3 加热清洗,并将所用酸溶液进行亚沸蒸馏可除去其中的微量金属元素干扰。② 某些混酸对消解后元素的光谱测定存在干扰,例如当溶液中含有较多的 $HClO_4$ 或 H_2SO_4 时会对元素的石墨炉原子吸收测定带来干扰,测定前将溶液蒸发至近干可除去此类干扰。

湿法消解样品常用的消解试剂体系有 HNO_3、$HNO_3\text{-}HClO_4$、$HNO_3\text{-}H_2SO_4$、$H_2SO_4\text{-}KMnO_4$、$H_2SO_4\text{-}H_2O_2$、$HNO_3\text{-}H_2SO_4\text{-}HClO_4$、$HNO_3\text{-}H_2SO_4\text{-}V_2O_5$、碱分解法等。

1. HNO_3 消解法

HNO_3 消解法适用于较清洁的水样。HNO_3 具有氧化性,加热浓 HNO_3 可氧化分解样品中的有机物质。水质锌的测定用双硫腙分光光度法。

每 100 mL 试样加入 1 mL 浓 HNO_3,置于电热板上微沸消解 10 min。冷却后快速用滤纸过滤,滤纸用 HNO_3(0.2%,$V:V$)洗涤数次,然后用 HNO_3(0.2%,$V:V$)稀释到一定体积,供测定使用。

2. $HNO_3\text{-}HClO_4$ 消解法

用 $HNO_3\text{-}HClO_4$ 消煮样品,氧化有机物,使钙、镁、磷及其他微量元素转化为离子态,然后测定消煮液中的钙、镁及其他元素含量。消煮时 HNO_3 具有强氧化力,72% 浓度的 $HClO_4$ 沸点为 203 ℃,是已知酸中最强的酸,热的浓 $HClO_4$ 是最强的氧化剂和脱水剂,能将组分氧化成高价态。加热时生成无水 $HClO_4$,可进一步与有机物作用,使有机物很快被氧化分解成简单的可溶性化合物,二氧化硅则脱水沉淀。HNO_3-$HClO_4$ 消解样品是破坏有机物比较有效的方法,但要严格按照程序操作,防止发生爆炸,例如食品中镉的测定原子吸收光谱法(GB/T 5009.15)。

称取试样 1.00~5.00 g 于三角瓶或高脚烧杯中,放数粒玻璃珠,加 10 mL 混合酸[$V(HNO_3)$∶$V(HClO_4)$=4∶1],加盖浸泡过夜,加一小漏斗在电炉上消解,若变棕黑色,再加混合酸,直至冒白烟,消化液呈无色透明或略带黄色,放冷用滴管将试样消化液洗入或过滤入 10~25 mL 容量瓶中,用水少量多次洗涤三角瓶或高脚烧杯,洗液合并于容量瓶中并定容至刻度。

4.1.2　干法灰化消解

干法灰化消解又称燃烧法或高温分解法。有机样品常采用干法灰化分解,方法是将样品置于坩埚中,在一定的温度或气氛下加热,使有机样品灰化分解,留下的残渣再用适当的溶剂溶解,制备成分析试液。这样制备的试液空白值较低,对微量元素的分析有重要意义。

干法灰化适用于含有大多数普通金属的有机物的测定,挥发性金属如汞除外。经过干法灰化法分解的物质必须缓慢地燃烧,碳逐渐地被彻底氧化。灰化前须先碳化样品,即把装有待测样品的坩埚放在电路上低温使样品碳化,在碳化过程中为了避免测定物质的散失,应在尽可能低的温度下操作,避免金属因挥发或因与容器物质化合而损失。干法灰化的问题之一就是有时很难从一些烧过的残留物中彻底地提取正在测定的金属,过分加热还会使多种金属化合物不溶(例如锡的化合物)。

在干法灰化法中,待测物被保留在坩埚内的固体物质上,是导致待测物损失的另一个原因,导致损失的固体物质通常是指坩埚本身(如硅质坩埚和瓷坩埚)和样品的灰分组分。消除该类损失首要的是选择适当的坩埚,干法灰化法中常用铂金坩埚,当样品中的待测组分为金、银和铂时,需用瓷坩埚。如果是水样,应将水样置于坩埚中,预先在水浴上蒸发至干,然后移入马弗炉中灼烧。对于其他样品,如土壤样品、食物样品、饲料样品、生物样品等则需要先将样品置于坩埚中,然后在电热板上碳化至无烟,最后移入马弗炉中灼烧。由于不使用或很少使用化学试剂,并可处理大量的样品,故有利于提高微量元素的测定精确度。干法灰化常用的方法有高温电炉直接灰化法、燃烧法、氧瓶燃烧法、低温灰化法。

1. 高温电炉直接灰化法

利用高温电炉对样品进行灰化,温度一般为 450~550 ℃,根据样品种类和待测组分的性质不同,选用不同材料的坩埚和灰化温度。常用的有石英、铂、银、镍、铁、瓷、聚四氟乙烯等材质的坩埚。

高温干法灰化法的一般灰化步骤为:称取一定量的样品置于坩埚内(通常用铂

金坩埚),将坩埚置于马弗炉中,在 400～600 ℃的温度下加热数小时以除去样品中的有机物质,剩余的残渣用适当的酸溶解即可得到待测溶液。如果待测元素及其化合物在 550 ℃以上才挥发,则样品可在马弗炉中用高温干法灰化法消化。该法操作简单,可同时处理大量样品,适用于待测物含量较高(10^{-6}级)的生物样品。但由于挥发性待测元素(如汞、砷、硒等)在高温灰化过程中易挥发损失,因此简单的干法灰化法不适用于含挥发性待测元素样品的前处理,此时需加入氧化剂作为灰化助剂以加速有机质的灰化并防止待测元素的挥发。常用的灰化助剂有 H_2SO_4、HNO_3、氧化镁和硝酸镁。由于在灰化过程中炉体材料以及灰化助剂会对待测元素带来干扰,炉壁在高温下对待测元素存在吸附作用,因此高温干法灰化法不适用于痕量和超痕量金属元素的准确测定。

2. 燃烧法

燃烧法又称氧弹法,用于灰化含汞、硫、砷、氟、硒、硼等元素的生物样品。将样品装入样品杯,置于盛有吸收液的铂内衬氧弹中,旋紧氧弹盖,充入氧气,用电火花点燃样品,使样品灰化,待吸收液将灰化产物完全溶解后,即可用于测定。

3. 氧瓶燃烧法

高温灰化常会引起非金属元素(如硫、氯、砷等)及一些易挥发的金属元素(如汞)的损失。氧瓶燃烧法是一种简单易行的低温灰化法。它是将少量样品用滤纸包裹后,固定在瓶塞的夹子上,放入预先充满氧气的锥形瓶(氧瓶)中燃烧,而密闭的瓶内盛有适当的吸收剂以吸收燃烧产物,然后进行测定。这是分解测定有机物中卤素、硫、磷和微量金属常用的方法,该法操作简便、快速,由于在密闭系统内进行,减少了损失和污染。

4. 低温灰化法

当样品中含有痕量或超痕量的待测元素以及挥发性待测元素时,为避免实验室环境的污染、痕量元素的丢失和吸附,降低测定空白,可应用低温干法灰化法,即利用低温灰化装置在温度低于 150 ℃,压力小于 133.322 Pa 的条件下借助射频激发的低压氧气流对样品进行氧化分解,该法不会引起锑、砷、铯、钴、铬、铁、铅、锰、钼、硒、钠和锌的损失,但金、银、汞、铂等有明显损失。当样品中含有汞、砷和锑等挥发性元素以及铬时,灰化装置需带有冷阱以防止这些元素在消解过程中损失。该法的缺点是灰化装置较贵,而且由于激发的氧气流只作用于样品表面,样品灰化需较长时间,特别是当样品中无机物含量较高时完全灰化需要很长时间。低温灰化法是利用高频电场激发氧气产生激发态原子的技术使样品进行氧化分解。通常在 100 ℃以下就能使样品完全灰化,在测定含砷、汞、硒、氟等易挥发元素的生物样品时效果十分显著。

4.1.3 微波消解

利用微波的穿透性和激活反应能力加热密闭容器内的试剂和样品可使制样容器内压力增加,反应温度提高,从而大大提高了反应速率,缩短了样品制备的时间,并且可控制反应条件,使制样精度更高,减少了对环境的污染,改善了实验人员的工作环境。采用微波消解系统制样,消化时间只需数十分钟。消化中因消化罐完全密闭,不会产生尾气泄漏,且不需有毒催化剂及升温剂。密闭消化避免了因尾气挥发而使样品损失的情况,可称得上是样品前处理上的一次"绿色革命"。微波消解系统制样可用于原子吸收(AA)、等离子光谱(ICP)、等离子光谱与质谱联机(ICP-MS)、气相色谱(GC)、气质联用(GC-MS)及其他仪器的样品制备。

1. 微波消解法的特点

微波消解法的加热方法与传统干、湿消解法相比具有体加热的优点。电炉加热时,通过热辐射、对流与热传导传送能量,热是由外向内通过器壁传给试样,通过热传导的方式加热试样的。微波加热是一种直接的体加热方式,微波可以穿入试液的内部,在试样的不同深度,微波所到之处同时产生热效应,使加热更快速,更均匀,大大缩短了加热时间,比传统的加热方式效率更高。例如,氧化物或硫化物在微波(2450 MHz、800 W)的作用下,在 1 min 内就能被加热到几百摄氏度。又如,1.5 g MnO_2 在 650 W 微波下加热 1 min 可升温到 920 K,可见升温的速率非常快。传统的加热方式(热辐射、传导与对流)中热能的利用率低,许多热量都发散到周围环境中,而微波加热直接作用到物质内部,提高了能量利用率。

微波消解法的加热方法与传统干、湿消解法相比具有过热现象(即比沸点温度还高)。电炉加热时,热是由外向内通过器壁传导给试样的,在器壁表面很容易形成气泡,因此就不容易出现过热现象,温度保持在沸点,因为汽化要吸收大量的热。而在微波场中,其"供热"方式完全不同,能量在体系内部直接转化,由于体系内部缺少形成"气泡"的"核心",因而,对一些低沸点的试剂,在密闭容器中,就很容易出现过热。可见,密闭溶样罐中的试剂能提供更高的温度,有利于试样的消化。

由于试剂与试样的极性分子都在 2450 MHz 电磁场中快速地随变化的电磁场变换取向,分子间互相碰撞摩擦,相当于试剂与试样的表面都在不断更新,试样表面不断接触新的试剂,促使试剂与试样的化学反应加速进行。交变的电磁场相当于高速搅拌器,每秒钟搅拌 2.45×10^9 次,提高了化学反应的速率,使得消化速度加快。

由此可见,微波加热快、均匀、过热,不断产生新的接触表面,有时还能降低反应活化能,改变反应动力学状况,使得微波消解能力增强,能消解许多传统方法难以消解的样品。

2. 微波消解实验

(1) 微波消解提取食品中的锗

称取均匀试样 0.5~1.0 g,置于微波消解罐内,加入 2~3 mL 浓 HNO_3、1 mL H_2O_2,旋紧罐盖并调好减压阀后消解。微波消解程序:160 W,10 min;320 W, 10 min;480 W,10 min。消解完毕放冷后,拧松减压阀排气,再将消解罐拧开。将溶液移入 25 mL 容量瓶中,加入 2 mL 钯盐溶液,加水稀释至容量瓶刻度,混匀。同时做试剂空白。

(2) 微波消解提取食品总汞及有机汞

称取 0.1~0.5 g 试样于微波消解罐内,加入 1~5 mL 浓 HNO_3、1~2 mL H_2O_2,盖好安全阀后,将消解罐放入微波炉消解系统中,根据不同种类的试样设置微波炉消解系统的最佳分析条件,至消解完全,冷却后用 HNO_3 溶液(1∶9)定量转移并定容至 25 mL(低含量试样可定容至 10 mL),混匀待测。

4.2　电感耦合气体发射光谱检测技术

电感耦合气体发射光谱检测技术(ICP-AES)是以等离子体原子发射光谱仪为手段,根据原子的特征发射光谱来研究物质结构和测定物质含量的化学成分的方法。由于它具有检出限低、准确度高、线性范围宽且多种元素同时测定等优点,因此,与其他分析技术如原子吸收光谱、X-射线荧光光谱等方法相比,它显示出了较强的竞争力。在国外,ICP-AES 法已迅速发展为一种极为普遍、适用范围广的常规分析方法,并广泛应用于各行业,进行多种样品、70 多种元素的测定,目前也在我国高端分析测试领域广泛应用。

4.2.1　电感耦合气体发射光谱工作原理

电感耦合等离子体原子发射光谱仪主要用于液体试样(包括经化学处理能转变成溶液的固体试样)中金属元素和部分非金属元素的定量分析。电感耦合等离子体焰矩温度可达 6000~8000 K,将样品溶液由进样器引入雾化器,并被氩载气带入焰矩时,样品被蒸发和激发,试样中的组分被原子化、电离、激发,以光的形式发射出能量。试样中不同元素的原子在激发或电离后回到基态时,发射不同波长的特征光谱,故根据特征光的波长可进行定性分析。经分光系统分光后,其谱线强度由光电元件接收并转变为电信号而被记录。根据元素浓度与谱线强度的关系,测定样品中各相应元素的含量。当各元素的含量不同时,发射特征光的强弱也不同,

据此可进行定量分析,其定量关系可用下式表示:

$$I = aC^b$$

式中,I 为发射特征谱线的强度;C 为被测元素的浓度;a 为与试样组成、形态及测定条件等有关的系数;b 为自吸系数,$b \leqslant 1$。

4.2.2　电感耦合气体发射光谱仪使用方法

电感耦合气体发射光谱仪使用方法以 Plasma 1000 光谱仪的操作方法为例进行说明。

1. 仪器点火前准备

(1) 仪器电源:稳定 220 V 交流,高压部分电流$\geqslant$40 A;实验用水:去离子水或二次水;实验用气:氩气,纯度$\geqslant$99.999%;地线要求:稳压电源"零地电压"$\leqslant$3 V。

(2) 打开稳压电源,电源电压显示 220 V,打开冷却水箱,先开电源,再开水泵;打开仪器控制面板,打开电源开关、仪器右下角高压电源开关后再打开 RF 电源;打开氩气阀门,气压控制在 0.6~0.7 MPa;打开通风。

(3) 打开软件,观察软件右下方仪器状态是否显示"气压、水压正常"。

(4) 打开软件,点击，观察进排液是否通畅,方向是否正确。

(5) 观察雾室是否积液,炬管是否有水珠,安装位置是否正确。

(6) 观察冷却气、辅助气和载气连接是否正常,观察排液桶可用容量大小。一切就绪后,点火,查看状态栏,观察水、气压等是否正常。

2. 仪器点火后操作

(1) 点火后 10~15 min 后开始测试。

(2) 仪器参数设置、标准溶液选择及浓度-百分含量换算是否正确。

(3) 波长初始化位置是否正确,定峰位和扣背景是否正确。

(4) 测试时,测试波长扣背景是否检查,标准曲线 R 值是否满足要求。

3. 样品测试

(1) 谱线选择参考

其他谱线可根据选择谱线优先级选取,通过谱图扫描判断后进行选择。建立或拷贝方法,选择测定元素波长,设定仪器参数及标准曲线浓度,进行波长初始化。

(2) 谱图扫描

连续扫描两遍低标准溶液(一般为设定的第二个),扫描一遍高标准溶液(最高的);定峰位,再进行一次样品扫描;扣背景,根据峰情况调整负高压大小,完成后点击"确定条件"。

(3) 标准溶液配制

标准溶液配制的浓度需将待测浓度包含在内,并且需加入 10% 的盐酸或硝酸,更换周期一般为 3 日,具体可根据标准曲线进行更换判定。标准溶液进行移取时,需采用大肚移液管。

分析溶液需清澈,无固体颗粒,若有固体则需过滤或等待沉淀沉降后测上层清液。

(4) 溶液测定

① 点击"测试""样品",加入一定量样品。

② 然后由低到高开始测量标准溶液,形成标准曲线,查看曲线是否是线性的(其线性值 $R>0.999$)。

③ 清洗后,将进液管放入样品溶液进行测定。

④ 打印报告或 Excel 导出。

(5) 关机

液样分析完后,进样管用蒸馏水和稀盐酸(1∶1 体积比)冲洗 5 min 后,点击熄火按钮,确定熄火;熄火后,关闭控制面板上的开关(先关 RF 电源,关闭仪器电源,再关电源)。然后关闭电风扇,拔除通风管,关闭气瓶;松开蠕动泵夹,放松蠕动泵管;最后关闭冷却水,注意需冷却 10 min 以上,先关水泵,再关电源。

4. 仪器检修

(1) 仪器工作环境维护

非仪器工作期间,有专门人员定期擦拭仪器,维护仪器清洁。使用后,将废液桶倒空并清理干净,用抹布擦拭溅出的液滴,防止腐蚀仪器面板。仪器的使用环境保持温度稳定且防尘,温度为 (25 ± 2) ℃;配备空调机、温湿度计,湿度需小于65%;仪器室与前处理室隔离,并保持仪器室清洁卫生;仪器室不能有酸、碱及其他腐蚀性气体、蒸气或烟雾,以防侵蚀仪器;仪器及仪器室排风良好。

(2) 进样系统检修

要对进样系统定期更换蠕动泵管,更换周期一般为 3 个月,具体根据管弹性及管内颗粒情况定。为了保证分析能力,必须保持炬管、雾化器及雾室清洁,应经常检查和清洗炬管。一般的方法是用稀硝酸(1∶1 体积比)浸泡 1～2 h,然后用水冲洗干净,晾干。如果有沉积物,可以用热的稀王水(1∶1 体积比)浸泡后,用水冲洗干净,晾干。清洗周期为 3 天 1 次。其他液管堵塞后及时更换,气管漏气及时更换气管或接头。

(3) 冷却水箱检修

智能循环水箱所用的离子水可以根据水的颜色和浑浊度来判断是否需要更

换,如果水的颜色变化或浑浊需要立即更换,更换周期为 3 个月至半年。

(4) 软件清理

如果数据量大的话,可以用方法文件备份起来,然后删除工作站的方法文件。另外,养成记录重要参数的习惯,以便在优化仪器时节省时间。

4.2.3　电感耦合气体发射光谱检测技术的性能特点

1. 分析精度高

电感耦合等离子体原子发射光谱仪可准确分析含量达到 10^{-9} 量级的元素浓度,而且很多常见元素的检出限达到零点几微克每升,分析精度非常高。对高低含量的元素要求同时测定,尤其对低含量元素要求精度高的项目,使用 ICP-AES 法非常方便。

2. 样品范围广

电感耦合等离子体原子发射光谱仪可以对固态、液态及气态样品直接进行分析,但由于固态样品存在不稳定、需要特殊的附件且有局限性,气态样品一般与质谱、氢化物发生装置联用效果较好,因此应用最广泛、优先采用的是溶液雾化法(即液态进样)。从实践来看,溶液雾化法通常能取得很好的稳定性和准确性。而在测试工作中,运用一定的专业知识和经验,采取各种化学预处理手段,通常都能将不同状态的样品转化为液体状态,采用溶液雾化法完成测定。溶液雾化法可以进行 70 多种元素的测定,并且可在不改变分析条件的情况下,同时进行多元素的测定,或有顺序地进行主量、微量及痕量浓度的元素测定。

3. 多种元素同时测定

多种元素同时测定是 ICP-AES 法最显著的特点。众所周知,每一种物质无论是以何种物理状态存在,其化学成分往往是很复杂的,既有必须存在的高浓度主量元素,也存在不需要的杂质元素,有金属元素,也有非金属元素。用化学分析、原子吸收光谱法等只能单个元素逐一测定,而 ICP-AES 法可在适当的条件下同时测定,不但可测金属元素,而且对很多样品中必测的非金属元素硫、磷、氯等也可一次完成,这也是原子吸收光谱仪达不到的。

4. 定性及半定量分析

对于未知的样品,等离子体原子发射光谱仪可利用丰富的标准谱线库进行元素的谱线比对,形成样品中所有谱线的"指纹照片",计算机通过自动检索,快速得到定性分析结果,再进一步可得到半定量的分析结果。这一优势对于事故快速初步的判断、某种处理过程中中间产物的分析、不需要非常准确的结果等情形非常快速和实用。

4.2.4　电感耦合气体发射光谱检测技术的应用

由于 ICP-AES 法具有检出限低、测试范围广、动态线性范围宽等优点,因而广泛应用于含量范围宽、精度要求高的技术领域,如食品、卫生、医药、化妆品、土壤、钢铁等精密分析及基础研究。ICP-AES 法可进行化学所有设备和系统的进水和排水中常量及微量元素的检测,系统结垢及腐蚀的成分分析,循环水的结垢元素判定,化学处理添加剂中的元素成分分析以及水处理膜前后处理元素的浓度比较及膜前沉积物的成分分析等。ICP-AES 法还可进行金属材料中常量及微量合金元素的检测等多种多样的化学分析工作。

4.2.5　ICP-AES 法测定废水中铜的含量实验

1. 实验目的

(1) 了解原子发射光谱产生机理。
(2) 了解 ICP 光源的原理及使用 ICP-AES 进行定量分析的优点。
(3) 熟悉 ICP-AES 的结构及操作。

2. 实验原理

原子发射光谱法是根据处于较高激发态的待测原子的外层电子回到基态或较低能级时发射的特征谱线,对待测元素进行定性、定量分析的方法。

原子发射光谱法包括以下 3 个主要过程:

(1) 由光源提供能量使样品蒸发,形成气态原子,并进一步使气态原子激发产生光辐射。

(2) 将光源发出的复合光经单色器分解成按波长顺序排列的谱线,形成光谱。

(3) 用检测器检测光谱中谱线的波长和强度。

由于待测元素原子的能级结构不同,因此发射谱线的特征不同,据此可对样品进行定性分析;而根据待测元素原子的浓度不同,因此发射强度不同,可实现元素的定量测定。

ICP 装置(图 4.1)由高频发生器、等离子火炬管和雾化器 3 部分组成。

ICP 氩火焰明显地分为 3 个区域:焰心区、内焰区和尾焰区。焰心区温度高达10000 K,由于黑体辐射、离子复合等产生很强的连续背景辐射,试样气溶胶通过这一区域时被预热、挥发溶剂和蒸发溶质,因此,这一区域又称为预热区。内焰区位于焰心区上方,温度一般为 6000~8000 K,是分析物原子化、激发、电离与辐射的主要区域,光谱分析就在该区域进行,因此,该区域又被称为测光区。尾焰区在内焰区上方,无色透明,温度较低,在 6000 K 以下,只能激发低能级的谱线。等离子炬管由 3 层同心石英管组成。

外管通冷却气氩气的目的是使等离子体离开外层石英管内壁,以避免它烧毁石英管;采用切向进气,其目的是利用离心作用在炬管中心产生低气压通道,以利于进样;中层石英管出口做成喇叭形,通入氩气维持等离子体的作用,有时也可以不通氩气。

载气携带试样气溶胶由内管注入等离子体内,试样气溶胶由气动雾化器或超声雾化器产生。

用氩气做工作气的优点是:氩气为单原子惰性气体,不与试样组分形成难解离的稳定化合物,也不会像分子那样因解离而消耗能量,有良好的激发性能,本身的光谱简单。

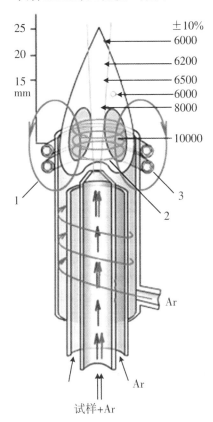

图 4.1 ICP 等离子体示意图

3. 实验仪器与药品

(1) 仪器:钢研纳克生产的 Plasma1000 等离子体原子发射光谱仪,电子分析天平,微波消解仪。

(2) 试剂与样品:硫酸,硝酸,去离子水,铜标准液,废水样品溶液。

(3) 溶液配制:

① 标准溶液的配制:工作曲线以铜标准溶液进行基体匹配,加入与试样处理相同浓度的试剂,配制成系列待测元素标液;在 ICP-AES 光谱仪上建立工作曲线,测量相应试样中铜的质量分数。

② 样品溶液的配制:水质铜的测定,取 100 mL 水样置于 250 mL 烧杯中,加入 1 mL 浓 H_2SO_4 和 5 mL 浓 HNO_3,加入几粒沸石,置电热板上加热消解(注意勿喷溅)至冒三氧化硫白色浓烟为止,如果溶液仍带色,冷却后加入 5 mL 浓 HNO_3,继续加热消解至冒白色浓烟为止。必要时,重复上述操作,直到溶液无色。冷却后加入 80 mL 水,加热至近沸腾并保持 3 min,冷却后滤入 100 mL 容量瓶中,用水洗涤烧杯内壁和滤纸,用洗涤水补加至标线并混匀。

4. 实验步骤

(1) Cu 标准溶液的配制:取 2 个 25 mL 容量瓶,在一个容量瓶中分别加入

100.0 $\mu g/mL$ Cu 标准溶液 2.5 mL 和 6 mol/L HNO$_3$ 3.0 mL,用蒸馏水稀释至刻度,摇匀。此溶液含 Cu 的浓度为 10 $\mu g/mL$。

在另一个 25 mL 容量瓶中加入上述 10.0 $\mu g/mL$ Cu 标准溶液 2.5 mL 和 6 mol/L HNO$_3$ 3.0 mL,用蒸馏水稀释至刻度,摇匀。此溶液含 Cu 浓度为 1.00 $\mu g/mL$。

(2) 开机调试。

(3) 测定:Cu 检测波长选择 324.754 nm,将配制的 1.00 $\mu g/mL$ 和 10.0 $\mu g/mL$ Cu 标准溶液和试样溶液上机测试。

(4) 实验中注意事项:在整个 ICP 点火过程中,必须控制动作的连贯性:① 在按下"高压开"后,如果未能点着火,应在短时间内关闭高压,以避免仪器因处于空载状态,而烧毁电子部件;② ICP 点燃后,需立刻通入载气。

5. 实验记录

(1) Cu 标准曲线制订(同学们先自订后讨论确定)

Cu 标准溶液检测结果如表 4.1 所示。

表 4.1　Cu 标准溶液检测结果

铜离子浓度	0	1.00 $\mu g/mL$	10 $\mu g/mL$
波峰位置			
峰面积			

(2) 样品测试(同学们先自订后讨论确定)

样品检测结果如表 4.2 所示。

表 4.2　样品检测结果

样品编号	1	2	3
波峰位置			
峰面积			

(3) 实验结果计算

样品检测浓度如表 4.3 所示。

表 4.3　样品检测浓度

编号	1	2	3
浓度($\mu g/mL$)			

6. 思考题

(1) 总结 ICP-AES 分析法的优点。

(2) 实验中检测结果的影响因素有哪些？

(3) Cu 检测波长选择的原理是什么？

4.3　原子吸收光谱检测技术

原子吸收光谱(atomic absorption spectroscopy,AAS)，又称原子吸收分光光度分析。原子吸收光谱分析是基于试样蒸气相中被测元素的基态原子对由光源发出的该原子的特征性窄频辐射产生共振吸收,其吸光度在一定范围内与蒸气相中被测元素的基态原子浓度成正比,以此测定试样中该元素含量的一种仪器分析方法。

4.3.1　原子吸收光谱工作原理

原子吸收光谱法(AAS)是利用气态原子可以吸收一定波长的光辐射,使原子中外层的电子从基态跃迁到激发态的现象而建立的。由于各种原子中电子的能级不同,将有选择性地共振吸收一定波长的辐射光,这个共振吸收波长恰好等于该原子受激发后发射光谱的波长。当光源发射的某一特征波长的光通过原子蒸气时,即入射辐射的频率等于原子中的电子由基态跃迁到较高能态(一般情况下都是第一激发态)所需要的能量频率时,原子中的外层电子将选择性地吸收其同种元素所发射的特征谱线,使入射光减弱。特征谱线因吸收而减弱的程度称为吸光度 A,在线性范围内与被测元素的含量成正比:

$$A = KC$$

式中,K 为常数;C 为试样浓度。此式就是原子吸收光谱法进行定量分析的理论基础。

由于原子能级是量子化的,因此,在任何情况下,原子对辐射的吸收都是有选择性的。由于各元素的原子结构和外层电子的排布不同,元素从基态跃迁至第一激发态时吸收的能量不同,因而各元素的共振吸收线具有不同的特征,可作为元素定性的依据,而吸收辐射的强度可作为定量的依据。AAS 现已成为无机元素定量分析应用最广泛的一种分析方法。该法主要适用样品中微量及痕量组分分析。应用无火焰的吸收法,其试样用量范围为 $5{\sim}100~\mu L$ 或 $0.05{\sim}30~mg$,适用于试样来源困难、数量少的样品测试。

1. 仪器结构

由光源发射的待测元素的锐线光束(共振线),通过原子化器,被基态原子吸收,再射入单色器中进行分光,被检测器接收,即可测得其吸收信号。

原子吸收分光光度计(图 4.2)主要由光源、原子化器、单色器、检测器 4 个部分组成。在原子化器中,同时存在着被测原子的 AE(原子发射)和 AA(原子吸收)。AE 干扰检测,为了消除待测原子的发射信号,在光源后加一切光器,将光源发射的光束调制成一定频率的光。另外,放大器的电子系统也被调制成相同频率(选频放大器)。在这种系统里,只有来自光源的具有调制频率的光才能被接收和放大(发射光束未被调制)。显然,这种装置采用交流放大器。

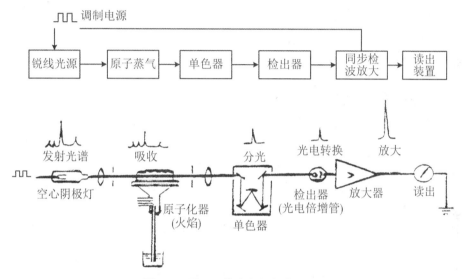

图 4.2　原子吸收分光光度计结构图

2. 光源

(1) 发射线的要求

锐线光源:比吸收线的半宽度窄,强度大,稳定。

种类:空心阴极灯、蒸气放电灯、高频无极放电灯均能达到上述要求。目前,广泛使用空心阴极灯(hollow cathode lamp,HCL),如图 4.3 所示。

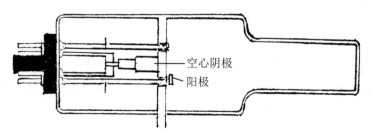

图 4.3　空心阴极灯示意图

(2) 低压辉光放电灯 HCL

灯头由石英窗组成(波长小于 350 nm),侧臂由透紫玻璃窗组成(波长大于 350 nm);两端施加 200～500 V 的 DC 电压。阴极与阳极固定在硬质玻璃管中(云母屏、瓷管支架)。充入几百帕(2～10 mmHg)压力的氩气和氖气。多用氖气因为谱线清晰,强度大,干扰小,易对光(橙红色光斑)。如氖气的共振线很接近待测元素的共振线时,则该用氩气。

空心阴极灯发射的光谱主要是阴极元素的光谱。因此,用不同的待测元素做阴极材料,可制成各相应待测元素的空心阴极灯。若阴极材料只含有一种元素,可制成单元素灯;若阴极物质含有多种元素,则可制成多元素灯。为避免干扰,必须用纯度较高的阴极材料,像高纯金属,活性强、难于加工的低熔点金属,贵金属采用薄片加衬。

(3) 空心阴极灯工作原理

在高压电场作用下,电子由阴极高速射向阳极。在此过程中,电子与惰性气体碰撞,使气体原子电离,产生的正离子在电场作用下被加速,造成对阴极表面的猛烈轰击,阴极表面的金属原子被"溅射"出来,接着又受到这些离子和电子的撞击而被激发至激发态,但很快又从激发态返回到基态,并同时辐射出该元素的共振线。由于大部分发射光处于圆筒内部,所以光线强度大。HCL 要求使用稳压电源。灯电流稳定度在 0.1％～0.5％,输出电流为 0～50 mA,输出电压为 400～500 V。HCL 使用寿命为 500～1000 mAh,"气耗"——金属原子吸气沉淀于灯壳上,减小使用寿命。HCL 可有多元素灯(2～6 种元素),例如 Ca-Mg-Al,Fe-Cu-Ni。多元素灯干扰可能大,辐射强度和寿命不如单元素灯。

(4) 影响因素——空心阴极灯电流

灯的光强度与灯的工作电流有关。增大灯的工作电流,可增加发射强度,但电流过大,将产生不良影响。如阴极溅射增强,产生密度较大的电子云,产生灯的自蚀现象;加快内充气体的消耗;阴极温度过高,使阴极物质熔化;放电不正常,灯光强度不稳。降低灯电流,使灯光强度减弱,导致稳定性、信噪比下降。因此,使用空心阴极灯要选择适当的灯电流。灯上标有最大使用电流,随阴极元素和灯的设计而变化,通常的工作电流为最大电流的 40％～60％。

3. 原子化器

原子化器是使试样中待测元素转变成处于基态的气体原子(基态原子蒸气),并进入辐射光程,产生共振吸收的装置。因为入射光程在这里被吸收,可视为吸收池,为仪器的主要部分。它主要包括火焰原子化器 FAAS 和非火焰原子化器 GAAS。

(1) 火焰原子化器

用火焰使试样原子化是目前普遍采用的一种方式。它由喷雾器、雾化器和燃烧器 3 部分组成。

喷雾器是原子化器的核心部分,作用是使试样溶液雾化,雾滴越细越多,在火焰中生成的基态自由原子就越多。应用最广的是气动同心型喷雾器,多采用不锈钢、聚四氟乙烯或玻璃制成。一般的喷雾装置的雾化率为 $5\%\sim15\%$,供给气体压力为 $2\ \mathrm{kg/cm^2}$,雾滴大小为 $5\sim25\ \mu\mathrm{m}$,溶液提取量为 $4\sim6\ \mathrm{mL/min}$。

雾化器的作用主要是一步细化雾滴,除去大雾滴,并使燃气与助燃气充分混合,以便在燃烧时得到稳定的火焰。细化雾滴的方法是:前方加碰撞球,后方加扰流器(4~5 叶片)。

燃烧器使火焰燃烧,试液雾滴在火焰中经过干燥、熔化、蒸发和热离等过程,将待测原子原子化。

火焰是原子吸收所使用的火焰,只要其温度能使待测元素解离成游离基态原子就可以了。如超过温度,激发态原子增加,电离度增大,基态原子减少,这对原子吸收是很不利的。因此,在确保待测元素充分离解为基态原子的前提下,低温火焰比高温火焰具有较高的灵敏度。

(2) 无火焰原子化器

无火焰原子化器有多种类型,典型的是石墨炉原子化器,也被称为电热高温石墨炉原子化器,如图 4.4 所示。

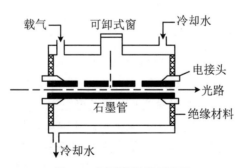

图 4.4　石墨炉装置示意图

原子化器将一个石墨管固定在两个电极之间,管的两端开口安装时使其长轴与原子吸收分析光束的通路重合。管的中心有一个进样口,工作时,电源提供低电压(10 V)、大电流(300~500 A),使石墨管迅速加热至 3000 ℃,使试样原子化,并能以电阻加热方式形成各种温度梯度,控制温度。为了防止试样及石墨管氧化,需要不断通入惰性气体,并在管外部用水冷却降温。

测定时石墨炉分干燥、灰化、原子化和净化四个程序:

① 干燥:在低温(100 ℃)蒸发去除试样的溶剂。

② 灰化:在较高温度(350～1200 ℃)进一步除去有机物或低沸点无机物,以减少机体组分对待测元素的干扰。

③ 原子化:待测元素转变为基态原子。

④ 净化:将温度升至最大允许值,去除残物,消除由此产生的记忆效应。

4. 分光系统

AAS 应用的波长范围一般是 UV-VIS 光区,即从铯 852.1 nm 至砷 193.7 nm。

发自空心阴极灯的谱线中,除了待测元素的灵敏线外,还含有该元素的其他共振线、阴极材料中杂质的发射谱线、惰性气体的发射谱线等多种谱线,因此空心阴极灯发射的谱线,经原子蒸气吸收以后,仍然要用单色器将待测元素的吸收线与其他谱线分开。换句话说,原子吸收分光光度计中单色器的作用是将试样的共振线从透过光中分选出来。

作用:共振线与其他谱线分开。

部件:光栅——单色器中的主要元件。

原理:光栅的工作原理是光的衍射。衍射光栅是在金属表面或凹面镜上刻许多严格平行且互相间隔均等的条纹,每毫米刻有 600～2800 条,纹数越多,光的分解本领愈强,分辨率愈高。采用光栅进行分光,能使光在不同波长下都有一致的色散能力。

光栅的色散本领,常用线色散率倒数来表示:$D = \dfrac{\mathrm{d}\lambda}{\mathrm{d}l}$。其含义是光栅焦面上单位距离的波长差。由于空心阴极灯发射的是锐线光源,所以原子吸收分光光度分析对光栅的色散率要求并不是很高。对于一台光谱仪,光栅的色散率一定。

单色器将共振线相近的谱线分开的能力,不但和色散元件的色散率有关,而且还受狭缝宽度的限制,狭缝宽度与色散配合——单色器的光谱通带 $W = S \cdot D \cdot 10^{-3}$。

光谱通带是指单色器出射狭缝处所相当的光谱宽度。因 D 一定,所以测定时的光谱通带宽度应由狭缝宽度的调节来决定。从提高信噪比的角度看,用较宽的狭缝,增强到达检测器的光量,获得较强的信号,改善稳定性及检出限;从提高灵敏度的角度看,用较小的狭缝,因为谱线强度同缝宽一次方成正比,而背景强度同缝宽二次方成正比。一般来说,在避开最靠近的非共振线的前提下,应当尽可能选择较宽一些的狭缝。

5. 检测系统

检测系统由光电转换元件——光电倍增管、放大器及读数记录装置组成。在 FAAS 中,为了提高测量灵敏度,消除非待测元素的发射干扰,需采用同步检波交流放大器。在 GAAS 中,由于测量信号具有峰值形状,宜用峰高法和积分测量,故用记录仪来记录测量信号。

4.3.2　原子吸收光谱仪测试方法

原子吸收分析法的定量基础是朗伯-比尔定律。即在一定条件下,当被测元素浓度不高、吸收光程固定时,吸光度与被测元素的浓度呈线性关系,即 $A=KC$。根据这个关系,原子吸收的定量分析方法仍然是相对分析法,可采用标准曲线法、比较法、标准加入法和内标法。

1. 标准曲线法

实用原子吸收分析仍是一种间接测定方法。原子吸收法所用的标准曲线法与分光光度法的标准曲线法的基本做法一致,即配制一系列不同浓度的与试样基体组成相近的标准溶液,测量吸光度,绘制 A-C 曲线。同时,在相同条件下,测得试液的吸光度 A_x,然后在曲线上查得 C_x。

FAAS 变异系数一般为 $0.5\%\sim2\%$。分析最佳范围的 A 为 $0.1\sim0.5$,因为大多数元素在此范围内符合比尔定律,浓度范围可根据待测元素的灵敏度来估算。

纯粹从理论上说,A-C 曲线应是一条过原点无限长的单调直线。然而,理论和大量实验观测表明:采用不同激发光源,A-C 曲线形状和斜率有很大差异;即使是同一光源,也往往因为各种因素的变化,出现不同类型的工作曲线。它的各种形状集中反映了 A 和元素浓度 C 之间的复杂性。A-C 曲线的非单调性反映了共振吸收的峰值测定中,A-C 曲线的复杂性。A-C 曲线的特点是简便、快速、影响因素较多,仅适用于组成简单的试样分析。

2. 直接比较法和紧密内插法

(1) 适用范围

一批试样中,预测元素的含量相差不大,或者偶尔要分析一个不经常分析的试样。

(2) 方法特点

① 比较法——两点法

只要配制一个标准溶液,已知标准物质浓度 C_s 对应的吸光度 A_s 和待测物质检测吸光度 A_x,求出对应的浓度 C_x:

$$C_x = \frac{C_s}{A_s} \cdot A_x$$

条件:$A_x \approx A_s$。

② 紧密内插法

配两个标样,有 C_1-A_1,C_2-A_2,C_x-A_x,故

$$C_x = C_1 + \frac{A_x - A_1}{A_2 - A_1} \cdot (C_2 - C_1)$$

条件：$A_1 < A_x < A_2$，且 A_1，A_2 分别在 A_x 的 10%上下。

3. 内标法

(1) 方法

在系列标准溶液中分别加入一定量的内标元素(试样中不存在的)。分别测定每个标液中待测元素与内标元素的吸光度，求出比值。用此比值对标准液中待测元素的浓度作图，作出标准曲线，如图 4.5 所示。

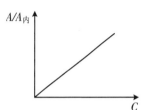

图 4.5　内标法曲线示意图

然后，在相同条件下，根据测得的试液中待测元素和内标元素两者吸光度的比值，从标准曲线上求得试样中待测元素的浓度。

(2) 特点

能消除溶液黏度、表面张力、样品的雾化率以及火焰温度等因素的影响，能得到高精度的测量结果；只适用双波道原子吸收分光光度计；内标元素与待测元素要有相似的物理、化学性质，因此应用受到限制。

4. 有关的计算公式

(1) 单点：

$$C_x = \frac{A_x}{A_s} \cdot C_s$$

(2) 两点：

$$C_x = A_x \cdot F$$

$$F = \frac{\Delta C}{\Delta A} = \frac{C_2 - C_1}{A_2 - A_1} \quad (\text{紧密内插法})$$

(3) 多点：

$$C_x = A_x \cdot F$$

$$F = \frac{\sum C_s}{\sum A_x} \quad (\text{图解内插})$$

(4) 直线回归方程：

$$C_x = A_x + F$$

4.3.3　原子吸收光谱特点

原子吸收光谱具有灵敏度高、检出限低的特点。日常分析均能达到 10^{-6} 级浓度范围,如采用特殊手段可达到 10^{-9} 级或 10^{-12} 级,是一种较好的微量分析方法。

原子吸收光谱相对快速,简便,干扰少,易抑制。一般而言,样品无需繁琐的分离萃取,仅转化为溶液即可,故大大简化了操作,提高了分析速度。同时,原子吸收光谱准确度高,重现性好,可进行高精度微量分析,大部分低于 0.1 ppm 的元素分析准确度可达 $0.1\%\sim1.0\%$。原子吸收光谱也可以进行少量样品分析,应用无火焰的吸收法,其试样用量范围为 $5\sim100\,\mu L$ 或 $0.05\sim30\,mg$,适用于试样来源困难、数量少的样品测试。

4.3.4　原子吸收光谱法的应用

由于原子吸收光谱法的特效性和干扰较少,因此,它的应用范围较广。该法可测定 70 多种元素,对于非金属元素,大部分可用间接法测定。因此,它在食品、血液、生物样品、环境污染物、金属及合金、化工产品等领域均得到广泛应用。

1. 在医学中的应用

原子吸收光谱法的重要应用之一,就是在常规临床化学实验室中测定各种人体液中的钙和镁;又如至今大部分还是用简单的火焰光度法测定的钠和钾,也愈来愈多地采用原子吸收法;最近原子吸收法测定血清中的铁、铜和锌诸元素也日益列入常规,因为用其他方法测定这些元素,往往不能满足快速、可靠的要求。

测血清中的钙和镁,目前应用最多的方法是用三缝燃烧器头在空气-乙炔火焰中直接分析经 1∶20 到 1∶50 稀释过的样品,为抑制磷酸盐的干扰,在试样及标准液中加入 1% 的 EDTA 钠盐、0.5% 镧的盐酸溶液,镧只能在血清已经稀释了以后再加,否则会导致蛋白质凝固。

在血清和血浆中,测定铁、铜和锌的最大缺点是每次测定试样用量需要 $1\sim2\,mL$,为此,石墨炉就是一种很有意义的替代方法。它既能提供与火焰一样的 $3\%\sim5\%$ 的精密度,而且每次测定只需要 $1\sim2\,mL$。

尿中铁、铜的测定:经酸化(2 mL 尿＋0.1 mL 浓硫酸)后就能直接测定。未经稀释的尿,在精密度、灵敏度和特效性方面都能满足临床化学的要求,蛋白质和无机组分没有干扰,与其他费时的方法相比结果相符。

2. 在生物化学及毒物学中的应用

几年前,人们对其他痕量元素在人体内的情况还是一无所知的,但现在人们对人体体液中通常浓度在 $1\,\mu g/mL$ 以下的金属元素已有了一些了解。至少有 3 方面原因促使人们对这些痕量元素做详细的研究:① 由于饮食不足或代谢失调,这些元素的浓度太低可能导致营养不良;② 当有过量的外界摄入或代谢失调时,这些元素浓度太高,将会产生毒性的效果;③ 某些疾病也会使痕量元素浓度失常。因此测定这些元素,也许能诊断某些疾病。

人体内的痕量元素,可分为必要的、非必要的、有毒的 3 类。必须注意的是,当一种必要的元素过量存在时,也会完全成为有毒的;而一种有毒的元素也只有在超过一定浓度后,才会对人体有害。

3. 在食品化学中的应用

食品分析十分重要。一方面,农药、饲料、空气污染等环境因素对动植物生长会产生影响;另一方面,也必须考虑在加工过程中可能出现的玷污,同时包装材料是一个重要因素。因此需要分析的元素越来越多,如 Al、B、Ca、Cd、Pb、Mg、Mn、Mo、Zn、K、Hg、Fe、Cu、Cr、Co 等。

根据试样的性质,处理方法也不同:

(1) 用铬酸消化鱼和海藻,分析 Pb、Cd、Cu、Fe、Hg、Zn。

(2) 饮料除了果汁和含有果肉的浓汁以外,都可直接喷入火焰,测 Pb、Cd、Zn 等。

(3) 含 CO_2 的饮料分析前加热将 CO_2 除去。

(4) 牛奶可以不经稀释直接分析,测 Cu、Fe、Co、Mo、Sr 等。

(5) 液体脂肪及油类,可以用有机溶剂如 MIBK 以 1:5 到 1:10 的比例稀释直接喷入火焰分析。

4. 水与空气的分析

空气中 Ag 的测量,检出限达 $3\ \mu g/L$。空气的分析通常可以用过滤或沉降的间接途径进行。原子吸收法对各种类型的水,如河水、湖水、饮用水、海水、废水、锅炉水、灌溉水等的测定十分理想。

对海水的痕量分析,可先采用蒸发、共沉淀、溶剂萃取以及其他各种富集方法,再喷入火焰进行金属元素分析。

在其他如地球化学、冶金、电镀以及石油化学、玻璃、陶瓷、水泥、塑料等领域原子吸收光谱法均有广泛的应用。

4.3.5   原子吸收法测定溶液中未知铜离子的浓度

1. 实验目的

(1) 掌握原子吸收法的基本原理。

(2) 熟悉原子吸收分光光度计的结构、特点,并掌握其使用方法。

(3) 掌握原子吸收法技术定量测定物质含量的方法。

2. 实验原理

原子吸收分光光度法又被称为原子吸收光谱分析。该方法可以定义为通过测量试样的基态自由原子蒸气对待测元素特征谱线辐射的吸收，来测定试样中该元素含量的一种分析方法。

自由状态的原子当其外层处于最低能态时，称作基态原子(E_0)，在热能、电能或光能的作用下，原子中处于基态或低能态的电子被激发上升到较高的能效，此时原子为激发态(E_q)。处于激发态的原子很不稳定，在极短时间内将跳回基态或较低激发态(E_p)，电子由较高能级跳回到较低能级。此时，原子若以光辐射形式释放出多余的能量，便成为原子发射光谱。

其辐射的能量大小可用式(4.1)表示：

$$E = E_q - E_0 (\text{或} E_p) = h\nu = hc/\lambda \tag{4.1}$$

式中，h 为普朗克常数，其值为 6.6234×10^{-34} J·s；c 为光速，为 3×10^8 m/s；ν，λ 分别为从 E_q 跃迁至 E_0(或 E_p)能态时所发射的光谱频率和波长。电子从基态激发到最低激发态，称为共振激发，完成这种激发所需的能量，称为共振激发能。

原子吸收和分子光谱的分光光度法基本原理相似，吸光度与原子浓度的关系也符合朗伯-比尔(Lambert-Beer)定律：

$$A = \lg (I_0/I) = KLN_0 \tag{4.2}$$

式中，A 为吸光度；I_0 为入射光强度；I 为经原子蒸气吸收后的透射光强度；K 为吸收系数；L 为辐射光穿过原子蒸气的光程长度；N_0 为基态原子密度。

原子吸收分光光度计如图 4.6 所示。锐线光源即空心阴极灯，又被称为元素灯，阴极为被测元素的纯金属、合金或用粉末冶金法制成的"合金"材料，发射半峰宽很窄的特征谱线，故得其名；原子化系统用来提供能量，使试样干燥、蒸发并原子化，通常分为两大类，分别为火焰原子化器与非火焰原子化器，此处为火焰原子化器；单色器为分光系统；检测器为光电转换装置。

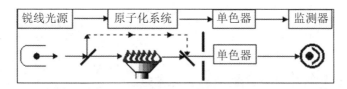

图 4.6　原子吸收分光光度计主要部件

当试样原子化，火焰的绝对温度低于 3000 K 时，其他处于共振激发态或电离状态的原子与基态原子数目相比均可忽略不计，故可以认为此时原子蒸气中基态原子密度(N_0)实际上接近原子总密度(N)，因此在固定的实验条件下，原子总数 N 与试样浓度 c 的比例是恒定的，可记为

$$A = K'c \tag{4.3}$$

式(4.3)就是原子吸收分光光度法定量分析的基本关系式。在原子吸收实验中常用标准曲线法、标准加入法对样品的浓度进行定量分析。

3. 实验仪器与药品

(1) 仪器

WFX-120B原子吸收分光光度计;铜元素空心阴极灯,波长(λ):324.7 nm;250 mL容量瓶1个;100 mL容量瓶5个;50 mL容量瓶1个;5.0 mL移液管2个;400 mL大烧杯1个;50 mL小烧杯1个。

(2) 药品

铜标准贮备溶液:准确称取0.25 g光谱级纯铜,用适量的1+1硝酸溶液溶解,必要时加热至溶解完全。用水稀释至250 mL,配制成1000 mg/L的铜标准溶液。

铜标准使用溶液:取10 mL铜标准贮备溶液于100 mL容量瓶中,用0.2%的硝酸定容至标线,此标准溶液浓度为100 mg/L。

去离子水。

(3) 试样制备

选取上述铜标准使用溶液,分别移取0.5 mL,1.0 mL,2.0 mL,3.0 mL,5.0 mL,浓度为100 mg/L的铜标准溶液于一组5个100 mL容量瓶中,定容,摇匀,将获得一组浓度依次为0.5 mg/L,1.0 mg/L,2.0 mg/L,3.0 mg/L,5.0 mg/L的溶液。

(4) 样品预处理

取100.0 mL水样放入300 mL烧杯中,加入硝酸5 mL,在电热板上加热水解(不要沸腾),蒸至10 mL左右,加入5 mL硝酸和2 mL高氯酸,继续消解,直至剩余体积为1 mL左右,取下冷却,加水溶解残渣,移入预先用酸洗过的100 mL容量瓶中,用水稀释至刻度。

4. 实验步骤

仪器操作

① 打开电脑软件,双击快捷方式进入BRAIC应用程序。

② 选择分析方法

点击菜单项"文件"→"新建"→"选择分析方法",本仪器可做火焰原子吸收分析、石墨炉原子吸收分析、火焰原子发射分析,在本次实验中选择"火焰原子发射分析"。

在"分析任务设计"窗口中点击"选择方法",从编号1～9中选择本实验所需要的选择方法;也可以在"操作"→"操作说明"中"创建新方法""修改已有方法"和"删除分析方法"创建新的方法,修改已有的方法或者删除已有的方法。在"方法编辑器"界面中改变分析方法的参数。

点击"样品表",输入样品的"编号""样品名",点击完成。

在"仪器控制"窗口中有多种参数:① 波长:待测元素的吸收波长即为所选择元素的主灵敏线,如果想改用次灵敏线,可自行输入;② 元素灯;③ 元素灯位置;④ 狭缝;⑤ 增益;⑥ 主阴极电流等。

在本实验中,只需要操作"波长设置"与"自动增益",先点击"波长设置",等待系统反应时间,约 1 min 后,再点击"自动增益",使主光束箭头处于绿色区域内,点击完成,测试正式开始。

打开空气压缩机和乙炔气,在安全情况下点燃火焰,将吸液管放入空白蒸馏水中点击"调零"进行调零,然后把吸液管依次放入标准空白及 0.5 mg/L,1.0 mg/L,2.0 mg/L,3.0 mg/L,5.0 mg/L 溶液中,点击"读数"。标准系列完成后,想查看标准曲线,可点击"工作曲线"标签,即出现如图 4.7 所示的界面,仪器将自动拟合标准曲线。

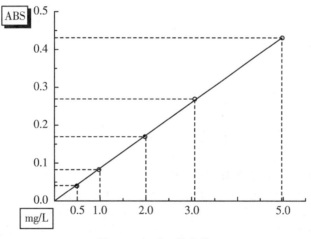

图 4.7　标准工作曲线

"屏蔽"键的作用是用来隐蔽某一标准点的,使相关系数得以提高。具体方法是用鼠标选择影响曲线拟合的某一标准点,然后用鼠标点击"屏蔽"键。如果想恢复原曲线可以用鼠标再点击"屏蔽"键即可。

继续对未知样品进行测量时,则用鼠标点回"测量"键进行测量即可,记录其数值。

实验结束后,保存数据,打印图表,依次先关闭乙炔气总阀,后关闭空气压缩机,按几下"放水"按钮,再关闭通风设备。处理数据,关闭电脑。

5. 实验记录

(1) Cu 标准曲线制订(同学们先自订后讨论确定)

标准溶液吸光度结果如表 4.4 所示。

表 4.4 标准溶液吸光度结果

铜标准液浓度(mg/L)	0.5	1.0	2.0	3.0	5.0
吸光度					

(2) 样品测试(同学们先自订后讨论确定)

样品溶液吸光度结果如表 4.5 所示。

表 4.5 样品溶液吸光度结果

样品编号	1	2	3
吸光度			

(3) 实验结果计算

6. 思考题

(1) 简述原子吸收法的基本原理。
(2) 原子吸收法为什么要使用空心阴极灯?
(3) 什么是共振线?
(4) 简述原子吸收法的特点和局限性。
(5) 分析化学中基准物质必须满足哪几个条件。

4.4 红外光谱分析技术

4.4.1 基本原理

红外光是一种波长介于可见光区和微波区之间的电磁波谱。波长在 $0.78\sim 300\ \mu m$。通常又把这个波段分成 3 个区域,即近红外区:波长在 $0.78\sim2.5\ \mu m$(波数在 $12820\sim4000\ cm^{-1}$),又称泛频区;中红外区:波长在 $2.5\sim25\ \mu m$(波数在 $4000\sim400\ cm^{-1}$),又称基频区;远红外区:波长在 $25\sim300\ \mu m$(波数在 $400\sim 33\ cm^{-1}$),又称转动区。其中中红外区是研究、应用最多的区域。

红外光谱的吸收强度常定性地用 vs（很强）、s（强）、m（中）、w（弱）、vw（极弱）等表示。红外光谱中峰的形状有宽峰、尖峰、肩峰和双峰等类型。习惯上把波数在 $4000\sim1330$ cm^{-1}（波长在 $2.5\sim7.5$ μm）的区域称为特征频率区，简称特征区。特征区吸收峰较疏，容易辨认。各种化合物中官能团的特征频率位于该区域，在此区域内振动频率较高，受分子其余部分影响小，因而有明显的特征性，它可作为官能团定性的主要依据。波数在 $1330\sim667$ cm^{-1}（波长在 $7.5\sim15$ μm）的区域称为指纹区，在此区域中各种官能团的特征频率不具有鲜明的特征性，分子结构上的微小变化都会引起指纹区光谱的明显改变，因此在确定有机化合物时用途也很大。

通过谱图解析可以获取分子结构的信息，它最广泛的应用还在于对物质的化学组成进行分析。首先，用红外光谱法可以根据光谱中吸收峰的位置和形状来推断未知物的结构，依照特征吸收峰的强度来测定混合物中各组分的含量；其次，它不受样品相态的限制，无论是固态、液态还是气态都能直接测定，甚至对一些表面涂层和不溶、不熔融的弹性体（如橡胶）也可直接获得其光谱；再次，它也不受熔点、沸点和蒸气压的限制，样品用量少且可回收，属于非破坏分析。而作为红外光谱的测定工具——红外光谱仪，与其他近代分析仪器（如核磁共振波谱仪、质谱仪等）相比，构造简单，操作方便，价格便宜。因此，它已成为现代结构化学、分析化学最常用和不可缺少的工具。

4.4.2　制样方法及分析方法

1. 制样方法

(1) 气体样品

气态样品可在玻璃气槽（图 4.8）内进行测定，它的两端粘有红外透光的 NaCl 或 KBr 窗片。先将气槽抽真空，再将试样注入。

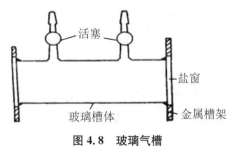

图 4.8　玻璃气槽

(2) 液体和溶液试样

① 液体池法

沸点较低、挥发性较大的试样，可注入封闭液体池（图 4.9）中，液层厚度一般为 0.01～1 mm。液体池是由后框、垫圈、窗片、间隔片、前框组成的。一般后框和前框由金属材料制成;前窗片和后窗片为氯化钠、溴化钾等晶体薄片;间隔片常由铝箔和聚四氟乙烯等材料制成,起着固定液体样品的作用,厚度为 0.01～2 mm。

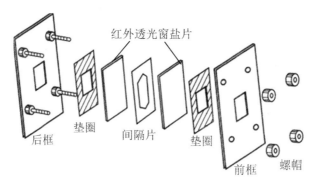

图 4.9　可拆式液体池

液体池的装样操作:将吸收池倾斜 30°,用注射器(不带针头)吸取待测的样品,由下孔注入直到上孔看到样品溢出为止,用聚四氟乙烯塞子塞住上、下注射孔,用高质量的纸巾擦去溢出的液体后,便可进行测试。

在液体池装样操作过程中,应注意以下 3 点:① 灌样时要防止气泡;② 样品要充分溶解,不应有不溶物进入液体池内;③ 装样品时不要将样品溶液外溢到窗片上。

液体池的清洗操作:测试完毕,取出塞子,用注射器吸出样品,由下孔注入溶剂,冲洗 2～3 次。冲洗后,用吸耳球吸取红外灯附近的干燥空气吹入液体池内以除去残留的溶剂,然后放在红外灯下烘烤至干,最后将液体池存放在干燥器中。液体池在清洗过程中或清洗完毕时,不要因溶剂挥发而致使窗片受潮。根据均匀的干涉条纹的数目可测定液体池的厚度。测定的方法是将空的液体池作为样品进行扫描,由于两片盐片间的空气对光的折射率不同而产生干涉。根据干涉条纹的数目计算池厚。

一般选 1500～600 cm^{-1} 的范围较好,计算公式为

$$b = \frac{n}{2} \frac{1}{\bar{\nu}_1 - \bar{\nu}_2}$$

式中,b 是液体池厚度,单位为 cm;n 是两波数间所夹的完整波形个数;$\bar{\nu}_1$、$\bar{\nu}_2$ 分别为起始和终止的波数,单位为 cm^{-1}。

载样材料的选择:目前以中红外区(光区:4000～400 cm^{-1})应用最广泛,一般的光学材料为氯化钠(光区:4000～600 cm^{-1})、溴化钾(光区:4000～400 cm^{-1}),这些晶体很容易吸水使表面发乌,影响红外光的透过。因此,所用的盐片应放在干燥器内,要在湿度小的环境下操作。

② 液膜法

样品的沸点高于 100 ℃可采用液膜法测定,黏稠样品也可采用液膜法。这种

方法较简单,只要在两个盐片之间滴加 1～2 滴未知样品,使之形成一层薄的液膜就可以了。流动性较大的样品,可选择不同厚度的垫片来调节液膜的厚度。样品制好后,用夹具轻轻夹住进行测定。沸点较高的试样,直接滴在两片盐片之间,形成液膜。

(3) 固体试样

① 压片法

将 1～2 mg 试样与 200 mg 纯 KBr 研细均匀,置于模具中,在压片机上压成透明薄片,即可用于测定。试样和 KBr 都应经干燥处理,研磨到粒度小于 2 μm,以免散射光影响。此法非常简便,样品片也可长期保存。唯一的缺点是 KBr 很容易吸潮,常在 3500 cm^{-1} 及 1640 cm^{-1} 处出现水的干扰峰。需要时可用 KBr 做空白对照,消除该区域的干扰。

② 石蜡糊法

将干燥处理后的试样研细,与液体石蜡或全氟代烃混合,调成糊状,夹在盐片中测定。需准确知道样品是否含有—OH 基团(避免 KBr 中水的影响)时采用糊状法。这种方法是将干燥的粉末研细,然后加入几滴悬浮剂(常用石蜡油或氟化煤油)在玛瑙研钵中研成均匀的糊状,涂在盐片上测定。本底采用相应的悬浮剂。液体石蜡在 2960～2850 cm^{-1},1460 cm^{-1},1380 cm^{-1},720 cm^{-1} 等处有明显吸收。如果要观察样品中的甲基及亚甲基吸收,则应改用在 4000～1200 cm^{-1} 区透明。

③ 薄膜法

主要用于高分子化合物的测定。可将它们直接加热熔融后涂制或压制成膜,也可将试样溶解在低沸点的易挥发溶剂中,涂在盐片上,待溶剂挥发后成膜测定。

当样品量特别少或样品面积特别小时,采用光束聚光器,并配有微量液体池、微量固体池和微量气体池,采用全反射系统或用带有卤化碱透镜的反射系统进行测量。

2. 分析方法

红外光谱研究的是分子中原子的相对振动,也可归结为化学键的振动。不同的化学键或官能团,其振动能级从基态跃迁到激发态所需要的能量不同,因此要吸收不同的红外光。物理吸收不同的红外光,将在不同波长上出现吸收峰。红外光谱就是这样形成的。典型的红外光谱横坐标为波数(cm^{-1},最常见)或波长(nm),纵坐标为透光率或吸光度。

红外吸收峰的强度与偶级矩变化的大小有关,吸收峰的强弱与分子振动时偶极矩变化的平方成正比,一般永久偶极矩变化大的,振动时偶极矩变化也较大,如 C=O(或 C—O)的强度比 C=C(或 C—C)要大得多,若偶极矩变为零,则无红外活性,即无红外吸收峰。

4.4.3　仪器工作原理与结构

红外光谱仪主要有两种类型：色散型和干涉型（傅里叶变换红外光谱仪）。色散型红外光谱仪以棱镜或光栅作为色散元件，这类仪器的能量受到严格限制，扫描时间慢，且灵敏度、分辨率和准确度都较低。随着计算方法和计算技术的发展，20世纪70年代出现新一代红外光谱测量技术及仪器——傅里叶变换红外光谱仪，它具有以下特点：一是扫描速度快，可以在1 s内测得多张红外谱图；二是光通量大，可以检测透射较低的样品及气体、固体、液体、薄膜和金属镀层等样品；三是分辨率高，便于观察气态分子的精细结构；四是测定光谱范围宽，只要改变光源、分束器和检测器的配置，就可以得到整个红外区的光谱。

Fourier变换红外光谱仪（FTIR）没有色散元件，主要由光源（硅碳棒、高压汞灯）、Michelson干涉仪、检测器、计算机和记录仪组成。核心部分为Michelson干涉仪，它将光源来的信号以干涉图的形式送往计算机进行Fourier变换的数学处理，最后将干涉图还原成光谱图。它与色散型红外光度计的主要区别在于干涉仪和电子计算机两部分。这种新技术具有分辨率很高，波数精度高，扫描速度极快（1 s内可完成），光谱范围宽，灵敏度高等优点。

工作原理：光源发出的红外辐射，经干涉仪转变成干涉图，通过试样后得到含试样信息的干涉图，由电子计算机采集，并经过快速傅里叶变换，得到吸收强度或透光度随频率或波数变化的红外光谱图，如图4.10所示。

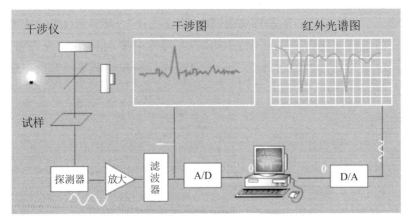

图 4.10　Fourier 变换红外光谱仪工作原理

干涉图从数学观点讲，就是傅里叶变换，计算机的任务是进行傅里叶逆变换。

仪器的核心部分是Michelson干涉仪，如图4.11所示，M_1和M_2为两块平面镜，M_1可沿图示方向做微小的移动，称为动镜，M_2固定不动，称为固定镜。在两者之间放置一个呈45°角的半透膜光束分裂器BS（beam-splitters），可使50%的入射光透过,其余部分被反射。当光源发出的入射光进入干涉仪后就被光束分裂器分成两束光——透射光 1 和反射光 2,其中透射光 1 穿过 BS 被动镜 M_1 反射,沿原路回到 BS 并被反射到达探测器 D,反射光 2 则由固定镜 M_2 沿原路反射回来通过 BS 到达 D。这样,在探测器 D 上所得到的光 1 和光 2 是相干光。光 1 和光 2 的光程差为波长的整数倍时,为相长干涉;光 1 和光 2 的光程差为波长的分数倍时,为相消干涉,动镜连续移动,获得干涉图。

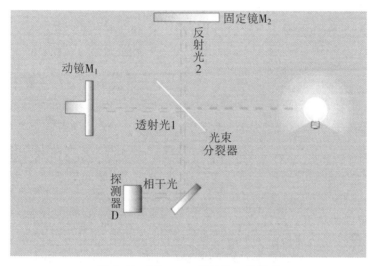

图 4.11　Michelson 干涉仪工作原理

4.4.4　苯甲酸的红外光谱测试与分析实验

1. 实验目的

(1) 了解傅里叶变换红外光谱仪的基本构造及工作原理。
(2) 学习高分子聚合物红外光谱测定的制样方法。
(3) 学会用傅里叶变换红外光谱仪进行样品测试。
(4) 掌握几种常用的红外光谱解析方法。

2. 实验原理

红外吸收光谱法是以一定波长的红外光照射物质时,若该红外光的频率能满足物质分子中某些基团分子的振动能级的跃迁频率条件,则该分子就吸收这一波长红外光的辐射能量,引起分子的偶极矩发生变化,而由基态振动能级跃迁到较高能级的激发态振动能级的方法。检测物质分子对不同波长红外光的吸收强度,就可以得到该物质的红外吸收光谱。各种化合物分子结构不同,分子振动能级吸收的频率不同,其红外吸收光谱也不同,利用这一特性,可进行有机化合物的结构剖析、定性鉴定和定量分析。

3. 实验设备、仪器、原料、药品

实验设备:WQF-310 型傅里叶变换红外光谱仪,压片机,红外干燥灯。

实验器皿:玛瑙研钵。

实验材料:苯甲酸,溴化钾。

实验条件:压片压力 1.2×10^5 kPa(约 120 kg/cm²),测定波长范围为 2.5～15 μm(波数为 4000～650 cm^{-1}),参比物(空气),扫描速度 3 挡(全程 4 min),室内温度为 18～20 ℃,室内相对湿度小于 65%。

4. 实验步骤

(1) 开启空调机,使室内温度控制在 18～20 ℃,相对湿度≤65%。

(2) 苯甲酸标样、试样和纯溴化钾晶片的制作:取预先在 110 ℃下烘干 48 h 以上、并保存在干燥器内的溴化钾 150 mg 左右,置于洁净的玛瑙研钵中,研磨成均匀、细小的颗粒。然后转移到压片模具上,依次放好各部件后,把压模置于压片上,旋转压力丝杆手轮压紧模具,顺时针旋转放油阀至底部,然后一边抽气,一边缓慢上下移动压把,开始加压至 1×10^5～1.2×10^5 kPa(100～120 kg/cm²)时,停止加压,维持 3～5 min,逆时针旋转放油阀,解除加压,压力表指针指"0",旋松压力丝杆手轮取出压模,即可得到直径为 1～2 mm、厚 1～2 mm 的透明溴化钾晶片。小心地从压模中取出晶片,并保存于干燥器内。另取一份 150 mg 左右的溴化钾置于洁净的玛瑙研钵中,加入 2～3 mg 苯甲酸试样,同上操作制成晶片,并保存在干燥器中。

(3) 将溴化钾参比晶片和苯甲酸标样晶片分别置于主机的参比窗口和试样窗口上。

(4) 根据实验条件,按仪器操作步骤进行调节,测绘红外吸收光谱。

(5) 制样及仪器操作步骤

样品的制样、压片:

① 透明固体样品(如塑料、玻璃等)可直接放在样品架上进行光谱采集。

② 透明液体样品(如酒精、药品等)可直接放入液体池中在 KBr 片上采集。

③ 不透明固体样品(如药品、水泥等)须与 KBr 分析纯研磨、压片、制样。

仪器操作步骤:

① 开机:打开仪器光学台的电源开关及计算机的电源开关,双击"EZOMNIC"图标,打开"OMNIC"窗口。进入采集,选择实验设置对话框,或点击工具栏中的"实验设置"图标,跳出一任务窗口,进行实验条件设置。

② 参数设置如下:

（a）扫描次数通常选择 32。

（b）分辨率指的是数据间隔，通常固体、液体样品选 4，气体样品选择 2。

（c）校正选项中可选择交互 K-K 校正，消除刀切峰。

（d）采集预览相当于预扫。

（e）文件处理中的基础名字可以添加字母，以防保存的数据覆盖之前保存的数据。

（f）可以选择不同的背景处理方式：采样前或者后采集背景；采集一个背景后，在之后的一段时间内均采用同一个背景；选择之前保存过的一个背景。

（g）光学台选项中，范围在 6～7 为正常。

（h）诊断中可以进行准直校正（通常一个月进行一次，相当于能量校正）和干燥剂实验。

③ 图谱的采集

进入采集，选择"采集样品"对话框，输入谱图的标题，点击"确定"，此时提醒必须有背景光谱图，点击"确定"，准备采集背景。

④ 背景的采集和图谱名称的输入

扫描结束后，弹出对话框提示准备样品采集，将制备好的样品放入样品室，点击"确定"，采集后，点击"是"，光谱采集完成。进入数据处理，其他校正，扣除大气背景，同时进行基线校正。

⑤ 对谱图进行标峰

标峰：点击"Find peaks"图标，跳出标峰任务窗口，对谱图进行标峰，标峰结束后点击"替代"，此时的光谱中显示峰值。如果有峰值未显示，点击满刻度显示图标。

进行满刻度显示，使所有的信号和峰值都显示在光谱区域内，并可对采集的光谱进行处理，以下按钮分别为："选择谱图"、"区间处理"、"读坐标"（按住 shift 直接读峰值）、"读峰高"（按住 shift 自动标峰，调整校正基线）、"读峰面积"、"标信息"（可拖拽）、"缩放或者移动"。

⑥ 显示采样信息

点击菜单栏中"显示"，点击"显示参数设置"，跳出"设置显示"对话框，可根据需要对要显示的项目进行设定。

⑦ 谱图坐标的转换

可以在透过率的界面把它转化为吸光度。

⑧ 谱图的保存

保存与正常的文档操作相同。一般在采集结束后，保存数据，存成 SPA 格式（omnic 软件识别格式）和 CSV 格式（Excel 可以打开）。

⑨ 谱图的分析

（a）对于化学试剂，运用基础分析，可以分析其官能团。进入谱图分析，点击

"基础红外谱图分析"对话框。

（b）运用图谱库进行检索,进入谱图分析,点击"谱图检索"对话框。

⑩ 测得谱图与标准图比较

当谱图过多,不好比较可以对其进行选中后,再进行分层显示,以方便比较。

⑪ 数据的保存

点击"文件"下拉菜单中的"另存为",把原始数据（∗.SPA 格式）保存在指定的位置,还可以保存的格式有∗.CSV、∗.TIF 格式。

5. 注意事项

（1）试样应该是单一组分的纯物质,纯度应＞98％或符合商业规格,才便于与纯物质的标准光谱进行对照。多组分试样应在测定前尽量预先用分馏、萃取、重结晶或色谱法进行分离提纯,否则各组分光谱相互重叠,难以判断。

（2）试样中不应含有游离水。水本身有红外吸收,会严重干扰样品谱,而且会侵蚀吸收池的盐窗。

（3）试样的浓度和测试厚度应选择适当,以使光谱图中大多数吸收峰的透射比处于10％～80％范围内。

（4）测量结束后,用无水乙醇将研钵、压片器具洗干净,烘干后,存放于干燥器中。

6. 实验数据处理

（1）记录实验条件。

（2）在苯甲酸标样和试样红外光谱图上,标出各特征吸收峰的波数,并确定其归属。

（3）将苯甲酸试样光谱图与谱库进行对比分析。

7. 思考题

（1）用压片法制样时,为什么要求研磨到颗粒度在 $2~\mu m$ 左右? 研磨时不在红外灯下操作,谱图上会出现什么情况?

（2）液体测量时,为什么低沸点的样品要求采用液体池法?

（3）红外光谱法对试样有什么要求?

（4）红外光谱可以分析哪些样品? 一般有哪些制样方法? 分别适用于什么样品?

（5）溴化钾的作用是什么? 用溴化钾压片时应注意什么?

4.5 气相色谱法

4.5.1 气相色谱基本原理

气相色谱(GC)是一种分离技术。实际工作中要分析的样品往往是复杂基体中的多组分混合物,对含有未知组分的样品,首先必须将其分离,然后才能对有关组分进行进一步的分析。混合物的分离是基于组分的物理化学性质的差异,GC 主要是利用物质的沸点、极性及吸附性质的差异来实现混合物的分离的。待分析样品在汽化室汽化后被惰性气体(即载气,一般是氮气、氦气等)带入色谱柱,柱内含有液体或固体固定相,由于样品中各组分的沸点、极性或吸附性能不同,每种组分都倾向于在流动相和固定相之间形成分配或吸附平衡。但由于载气是流动的,这种平衡实际上很难建立起来,也正是由于载气的流动,使样品组分在运动中进行反复多次的分配或吸附/解附,结果在载气中分配浓度大的组分先流出色谱柱,而在固定相中分配浓度大的组分后流出色谱柱。当组分流出色谱柱后,立即进入检测器,检测器能够将样品组分的存在与否转变为电信号,而电信号的大小与被测组分的量或浓度成比例,将这些信号放大并记录下来。在没有组分流出时,色谱图的记录是检测器的本底信号,即色谱图的基线。

4.5.2 气相色谱仪器结构

1. 进样隔垫

进样隔垫一般由硅橡胶材料制成,一般分为普通型、优质型和高温型三种类型:普通型为米黄色,不耐高温,一般在 200 ℃以下使用;优质型可耐高温到 300 ℃;高温型为绿色,使用温度可高于 350 ℃,至色谱柱最高使用温度的 400 ℃。正因为进样隔垫多由硅橡胶材料制成,其中不可避免地含有一些残留溶剂和/或低分子齐聚物,另外由于汽化室高温的影响,硅橡胶会发生部分降解,这些残留的溶剂和降解产物如果进入色谱柱,就可能出现"鬼峰"(即不是样品本身的峰),从而影响分析。解决的办法有:一是进行"隔垫吹扫",二是更换进样隔垫。一般更换进样隔垫的周期以下面 3 个条件为准:① 出现"鬼峰";② 保留时间和峰面积重现性差;③ 手动进样次数 70 次或自动进样次数 50 次以后。

2. 玻璃衬管

气相色谱的衬管多由玻璃或石英材料制成,主要分分流衬管、不分流衬管、填充柱玻璃衬管 3 种类型。衬管能起到保护色谱柱的作用,在分流/不分流进样时,不挥发的样品组分会滞留在衬管中而不进入色谱柱。如果这些污染物在衬管内积存一定量后,就会对分析产生直接影响。比如,它会吸附极性样品组分而造成峰拖尾,甚至峰分裂,还会出现"鬼峰",因此一定要保持衬管干净,注意及时清洗和更换。当出现以下现象时,① 出现"鬼峰";② 保留时间和峰面积重现性差,应考虑对衬管进行清洗。清洗的方法和步骤如下:① 拆下玻璃衬管;② 取出石英玻璃棉;③ 用浸过溶剂(比如丙酮)的纱布清洗衬管内壁。玻璃衬管更换时要注意玻璃棉的装填:装填量为 3~6 mg,高度为 5~10 mm。要求填充均匀、平整。

3. 气体过滤器

变色硅胶可根据颜色变化来判断其性能,但分子筛等吸附有机物的过滤器就不能用肉眼判断了,所以必须定期更换,一般 3 个月更换或再生一次。由于分流气路中的分子筛过滤器饱和或受污严重,就会出现基线漂移大的现象,这个时候就必须更换或再生过滤器了。再生的方法是:① 卸下过滤器,反方向连接于原色谱柱位置;② 再生条件:载气流速 40~50 mL/min,温度 340 ℃,时间 5 h。

4. 检测器

如果说色谱柱是色谱分离的心脏,那么检测器就是色谱仪的眼睛。无论色谱分离的效果多么好,若没有好的检测器就会"看"不出分离效果。因此,高灵敏度、高选择性的检测器一直是色谱仪发展的关键技术。目前,GC 所使用的检测器有多种,其中常用的检测器主要有火焰离子化检测器(FID)、火焰热离子检测器(FTD)、火焰光度检测器(FPD)、热导检测器(TCD)和电子俘获检测器(ECD)等。下面对检测器的日常维护做简单讨论:

(1) 火焰离子化检测器(FID)

FID 虽然是准通用型检测器,但有些物质在检测器上的响应值很小或无响应,这些物质包括永久气体、卤代硅烷、H_2O、NH_3、CO、CO_2、CS_2、CCl_4 等。所以检测这些物质时不应使用 FID。FID 的灵敏度与氢气、空气和氮气的比例有直接关系,因此要注意优化,一般三者的比例应接近或等于 1:10:1。FID 是用氢气在空气中燃烧所产生的火焰使被测物质离子化的,故应注意安全问题。在未接上色谱柱时,不要打开氢气阀门,以免氢气进入柱箱。测定流量时,一定不能让氢气和空气混合,即测氢气时,要关闭空气,反之亦然。无论什么原因导致火焰熄灭时,应尽量关闭氢气阀门,直到排除了故障重新点火时,再打开氢气阀门。为防止检测器被污染,检测器温度设置不应低于色谱柱实际工作的最高温度。检测器被污染,轻则灵敏度明显下降或噪声增大,重则点不着火。消除污染的办法是对喷嘴和气路管道进行清洗。具体方法是:断开色谱柱,拔出信号收集极;用一细钢丝插入喷嘴进行疏通,并用丙酮、乙醇等溶剂浸泡。

(2) 火焰热离子检测器(FTD)

FTD 使用注意事项如下:

① 铷珠:避免样品中带水,使用寿命一般为 600～700 h。

② 载气:氮气或氦气,要求纯度为 99.999%,一般氦气的灵敏度高。

③ 空气:最好是选钢瓶空气,无油。

④ 氢气:要求纯度为 99.999%。

另外需要注意的是使用 FTD 时,不能使用含氰基固定液的色谱柱,比如 OV-1701。

(3) 火焰光度检测器(FPD)

FPD 使用注意事项如下:

① FPD 也是使用氢火焰,故安全问题与 FID 相同。

② 顶部温度开关常开(250 ℃)。

③ FPD 的氢气、空气和尾吹气流量与 FID 不同,一般氢气为 60～80 mL/min,空气为 100～120 mL/min,而尾吹气和柱流量之和为 20～25 mL/min。分析强吸附性样品如农药等,中部温度应高于底部温度约 20 ℃。

④ 更换滤光片或点火时,应先关闭光电倍增管电源。

⑤ 火焰检测器,包括 FID、FPD,必须在温度升高后再点火;关闭时,应先熄火再降温。

(4) 热导检测器(TCD)

TCD 使用注意事项如下:

① 确保热丝不被烧断。在检测器通电之前,一定要确保载气已经通过了检测器,否则,热丝就可能被烧断,致使检测器报废;关机时一定要先关检测器电源,然后关载气。任何时候进行有可能切断通过 TCD 的载气流量的操作,都要关闭检测器电源。

② 载气中含有氧气时,热丝寿命会缩短,所以载气中必须彻底除氧。

③ 用氢气做载气时,气体排至室外。

④ 基线漂移大时,要考虑以下几个问题:双柱是否相同,双柱气体流速是否相同;是否漏气,漏气了就需要更换色谱柱至检测器的石墨垫圈;池体污染,需要用正己烷浸泡冲洗。

(5) 电子俘获检测器(ECD)

ECD 使用注意事项如下:

① 气路安装气体过滤器和氧气捕集器;氧气捕集器再生。

② 使用填充柱时也需供给尾吹气(2~3 mL/min)。

③ 操作温度为250~350 ℃。无论色谱柱温度多么低，ECD 的温度均不应低于 250 ℃，否则检测器很难平衡。

④ 关闭载气和尾吹气后，用堵头封住 ECD 出口，避免空气进入。

4.5.3　气相色谱实验操作方法

1. 加热调节温度

设置柱温箱、进样口和检测器的温度，检测器温度必须要高于柱温箱温度，同时温度一般高于进样口 20~30 ℃，FID 温度至少大于 100 ℃。进样口温度根据待检测样品的汽化温度进行设定，一般要高于检测样品的汽化温度。

柱温的选择：柱温低有利于分配，有利于组分的分离，但温度过低，被测组分可能在柱中冷凝或者传质阻力增加，使色谱峰扩张，甚至拖尾；柱温高有利于传质，但柱温过高时，分配系数变小，不利于分离。一般通过实验选择最佳柱温，要使物质既完全分离，又不使峰形扩展、拖尾。经验表明选择的柱温等于样品的平均沸点或高于平均沸点 10 ℃时最为适宜。

进样口温度的选择：合适的进样口温度既能保证样品全部组分瞬间完全汽化，又不引起样品分解。一般汽化室温度比柱温高 30~70 ℃或比样品组分中最高的沸点高 30~50 ℃。温度过低，汽化速度慢，使样品峰扩展，产生伸舌头峰；温度过高则产生裂解峰，使样品分解。温度是否合适，可通过实验检查，如果温度过高，出峰数目变化，重复进样时很难重现；温度太低则峰形不规则，出现平头峰或伸舌头宽峰；若温度合适则峰形正常，峰数不变，并能多次重复。

2. 点火

氢焰气相色谱仪开机时需要点火，有时因各种原因致使熄火后也需要点火。

(1) 加大氢气流量法：先加大氢气流量，点着火后，再缓慢调回工作状况。

(2) 减少尾吹气流量法：先减少尾吹气流量，点着火后，再调回工作状况。此法适用于用氢气做载气，用空气做助燃气和尾吹气情况。

3. 气比的调节

有关资料均建议氢焰气相色谱仪三气的流量比为：氮气：氢气：空气 = 1：1：10，但由于转子流量计指示流量的不准确性，气比应按下法调节：① 氮气流量的调节：在色谱柱条件确定后，样品组分分离效果的好坏、氮气的流量大小是决定因素，调节氮气流量时，要进样观察组分分离情况，直至氮气流量尽可能大且样品组分有较好的分离为止。② 氢气和空气流量的调节：氢气和空气流量的调节效果可以用基流的大小来检验。先调节氢气流量,使之约等于氮气的流量。再调节空气流量,在调节空气流量时,观察基线的改变情况,只要基线在增加,仍应相向调节,直至基流不再增加为止。最后再将氢气流量上调少许。

4. 进样技术

在气相色谱分析中,一般是采用注射器或六通阀门进样。在考虑进样技术的时候,主要是以注射器进样为对象。

(1) 样品进样量

进样量与汽化温度、柱容量和仪器的线性响应范围等因素有关,也即进样量应控制在能瞬间汽化、达到规定分离要求和线性响应的允许范围之内。填充柱冲洗法的瞬间进样量:液体样品或固体样品溶液一般为 $0.01 \sim 10~\mu L$,气体样品一般为 $0.1 \sim 10~mL$。在定量分析中应注意进样量读数准确:① 排除注射器里所有的空气。用微量注射器抽取液体样品时,只要重复地把液体抽入注射器再迅速地把其排回样品瓶,就可做到这一点。还有一种更好的方法,可以排除注射器里所有的空气,那就是用计划注射量约 2 倍的样品置换注射器 3 ~ 5 次,每次取到样品后,垂直拿起注射器,针尖朝上,任何依然留在注射器里的空气都应当跑到针管顶部,推进注射器塞子,空气就会被排掉。② 保证进样量的准确。用注射器取计划进样量 2 倍左右的样品,垂直拿起注射器,针尖朝上,让针穿过一层纱布,这样可用纱布吸收从针尖排出的液体,推进注射器塞子,直到读出所需要的数值,用纱布擦干针尖。至此,准确的液体体积已经测得,需要再抽若干空气到注射器里,如果不慎推动柱塞,空气可以保护液体使之不被排走。

(2) 进样方法

双手拿注射器,用一只手(通常是左手)把针插入垫片,注射大体积样品(即气体样品)或输入压力极高时,要防止来自气相色谱仪的压力把柱塞弹出(用右手的大拇指)。让针尖穿过垫片尽可能深地进入进样口,压下柱塞停留 1 ~ 2 s,然后尽可能快而稳地抽出针尖(继续压住柱塞)。

(3) 进样时间

进样时间长短对柱效率影响很大,若进样时间过长,会使色谱区域加宽而降低柱效率。因此,对于冲洗法色谱而言,进样时间越短越好,一般必须小于 1 s。

4.5.4　气相色谱法测定样品中两种溶剂的含量

1. 实验目的

(1) 掌握气相色谱法的分离原理。

（2）掌握单点外标法和单点内标法定量的方法。

（3）了解气相色谱仪的结构及操作。

2. 实验原理

气相色谱法的分离原理是各组分在流动相（载气）和固定相两相间的分配有差异，当两相做相对运动时，这些组分在两相间的分配反复进行，即使组分的分配系数只有微小的差异，随着流动相的移动还是有明显的差距，最后使这些组分得到分离。气相色谱法的理论基础主要有塔板理论和动力学理论（Van Deemter 方程）。组分能否分离取决于其热力学行为（分配系数），分离状况可由动力学过程较好地解释。

3. 实验仪器和药品

（1）仪器：GC7890Ⅱ气相色谱仪，氢火焰离子化检测器（FID），GC7890Ⅱ气相色谱工作站，BS210S 型电子分析天平，氢气发生器，空气发生器，1 μL 微量进样器。

（2）试剂与样品：乙腈（色谱纯），正丁醇、甲苯和乙酸乙酯均为分析纯，样品溶液。

4. 实验步骤

(1) 溶液配制

① 内标溶液的配制：取约 5 mL 乙酸乙酯置于 10 mL 量瓶中，置于电子天平上，去皮归零，加入 500 μL 甲苯，用乙酸乙酯稀释至刻度，摇匀作为内标溶液。

② 混合标准溶液的配制：取约 5 mL 乙酸乙酯置于 10 mL 量瓶中，置于电子天平上，去皮归零，加入 100 μL 乙腈，精密称重。电子天平去皮归零，加入 100 μL 正丁醇于量瓶中，精密称重，再精密加入 1.0 mL 内标溶液，最后加乙酸乙酯至刻度，摇匀即得混合标准溶液。

③ 样品溶液的配制：在 10 mL 量瓶中，精密加入 1.0 mL 试样，精密加入 1.0 mL 内标溶液，然后加乙酸乙酯至刻度，摇匀即为样品溶液。

(2) 色谱条件

毛细管柱 HP INNOWAX（30 m×0.53 mm×1.0 μm）；进样口温度：220 ℃。

FID 检测器温度：220 ℃；柱温：55 ℃以 5 ℃/min 升温至 85 ℃，然后以 20 ℃/min 升温至 150 ℃；载气：高纯氮 6 mL/min（55 ℃时）；分流比：20∶1；进样量：1 μL。

保留时间：乙酸乙酯 2.0 min；乙腈 3.1 min；甲苯 3.5 min；正丁醇 5.1 min。

(3) 样品溶液中组分含量的计算

混合标准溶液与样品溶液各进样两针，以两次进样的平均值分别采用单点外标法和单点内标法计算样品溶液中乙腈和正丁醇的浓度,以 mg/mL 表示。

单点外标法计算:

$$C = (A_{样} / A_{标}) \times C_{标} \times \rho$$

单点内标法计算:

$$C = (A_{样} / A_{样内}) / (A_{标} / A_{标内}) \times C_{标} \times \rho$$

式中,C 为样品溶液中被测组分的浓度;$C_{标}$ 为标准溶液中被测组分的浓度;$A_{样}$ 为样品溶液中被测组分的峰面积;$A_{标}$ 为标准溶液中被测组分的峰面积;$A_{样内}$ 为样品溶液中内标的峰面积;$A_{标内}$ 为标准溶液中内标的峰面积;ρ 为样品稀释倍数($\rho = 10$)。

（4）实验注意事项

① 每次进样完毕用溶剂洗针,注意进样速度和留针时间,维持保留时间的一致性。

② 进样口内气压较高,若顶空进样时应防止进样针推杆被顶出。

5. 实验记录

（1）标准溶液检测

标准溶液检测结果如表 4.6 所示。

表 4.6　标准溶液检测结果

准液浓度	乙酸乙酯	乙腈	甲苯	正丁醇
时间（min）				
峰面积				

（2）样品测试（同学们先自订后讨论确定）

样品溶液检测结果如表 4.7 所示。

表 4.7　样品溶液检测结果

样品	1	2	3	4
时间（min）				
峰面积				

6. 思考题

（1）气相色谱的塔板理论和速率理论分别是什么?

（2）进样速度和留针时间怎样影响分析结果?

（3）气相色谱常用的检测器有什么?

（4）程序升温的作用是什么? 在多组分分析时如何设置?

（6）比较内标法和外标法的异同点。本实验要求进样量十分准确吗?

4.6 水质监测与检测

4.6.1 水质检测指标

城市污水一般由生活污水、工业污水、市政污水和部分雨水等形成。城市污水产生量大,成分复杂,要想实现无害化排放或水资源循环利用,必须经过污水处理厂处理。目前,多数污水处理厂采用三级水处理工艺:① 一级处理:通过机械处理,如格栅、沉淀或气浮,去除污水中所含的石块、砂石、脂肪和油脂等。② 二级处理:生物处理,污水中的污染物在微生物的作用下被降解和转化为污泥。一般城市污水主要污染物是易降解有机物,所以绝大多数城市污水处理厂都采用好氧生物处理法,如果污水中废水比重很大,难降解有机物含量高,污水可处理性差,就应考虑增加厌氧处理改善可处理性的可能性,或采用物化法处理。③ 三级处理:污水的深度处理,包括营养物的去除和通过加氯、紫外辐射或臭氧技术对污水进行消毒。根据水处理的目标和来水水质的不同,有的污水处理过程并不包含上述所有过程。

尽管城市污水处理厂处理水量很大,但进水的水量与水质总是随时间不断变化的。这种水量和水质的变化,必然导致污水处理系统的水量负荷、无机污染负荷、有机污染负荷的变化及污泥处理系统泥量负荷和有机质负荷的变化。相应地,污水厂各处理单元应采取措施适应这种变化,保证污水厂的正常运行,例如,进厂污水流量过大时,应在入厂时分流部分污水,或从初沉池后分流部分污水,以避免过大负荷对曝气池的不良影响;曝气池的有机负荷变化时,应及时调整曝气系统的供氧量;曝气池混合液污泥浓度和性能发生变化时,应及时调整二沉池污泥回流量;污水原水悬浮物含量或剩余污泥量发生变化时,应调整污泥消化加热介质的用量和脱水设备的处理量等。污水的进水水量水质和各处理单元水量水质的监测,是保证污水处理正常运行的基础,是进行技术经济核算与比较的基础。因此,必须采取自动或人工方法,定时定点对污水的水量水质进行准确的监测。

1. 感官指标

在污水厂采用活性污泥法处理污水的过程中,操作管理人员通过对处理过程中的现象观测可以直接感觉到进水是否正常,各构筑物运转是否正常,处理效果是否稳定。一个有经验的操作管理者往往能根据观测做出粗略的判断,从而能较快地调整一些运转状态。但是正确的判断需要长期地积累经验,因此污水厂管理操

作人员要对现象做认真的观测,对各类数据做科学的分析,不断地积累经验,从中找出规律,内容大致包括以下几个方面:

(1) 颜色

以生活污水为主的污水厂,进水颜色通常为粪黄色,这种污水比较新鲜;如果进水呈黑色且臭味特别严重,则污水比较陈腐,可能在管道内存积太久;如果进水中混有明显可辨的其他颜色,如红、绿、黄等,则说明有工业废水进入。对于一个已建成的污水厂来说,只要它的服务范围与服务对象不发生大的变化,进厂的污水颜色一般变化不大。

要按流程逐个观测各构筑物里的污水,活性污泥的颜色也有助于判断构筑物的运转状态,活性污泥正常的颜色应为黄褐色,正常气味应为土腥味,运行人员在现场巡视中应有意识地观察与嗅闻,如果颜色变黑或闻到腐败性气味,则说明供氧不足或污泥已发生腐败。

(2) 气味

生活污水的进水除了正常的粪臭外,有时在集水井附近有臭鸡蛋味,这是管道内因污水腐化而产生的少量硫化氢气体所致。活性污泥混合液也有一定的气味,当操作工人在曝气池旁嗅到一股霉香味或土腥味时,就能断定曝气池运转良好,处理效果达到标准。

(3) 泡沫与气泡

曝气池内往往会出现少量泡沫,类似肥皂泡,较轻,一吹即散。一般这时曝气池供气充足,溶解氧足够,污水处理效果好。这是因为生活污水中含有少量油脂,经分解而产生气泡。但是,如果曝气池内有大量白色泡沫翻滚,且有黏性,不易自然破碎,常常飘到池子走道上,则表示曝气池内活性污泥异常。

对曝气池表面应经常观察气泡的均匀性及气泡尺寸的变化。如果局部气泡变少,则说明曝气不均匀;如果气泡变大或结群,则说明扩散器堵塞,应及时采取相应的对策。

在二沉池池面上一般不应有气泡产生。但有时因污泥在二沉池泥斗中停留过久、产生厌氧分解而析出气体,污泥颗粒随之而上升,这种污泥颗粒呈黑色;另一种情况是由于活性污泥在二沉池泥斗中反硝化而析出氮气,透明的氮气泡也带着污泥小颗粒上升到水面,这种污泥颗粒呈灰黄色,池面上积得多了像一层浮渣。

(4) 水温

水温对曝气池工作有很大的影响。一个污水厂的水温是随季节逐渐缓慢变化的,一天内几乎无变化。如果发现一天内变化很大,则要检查是否有工业冷却水进入。曝气池在水温 8 ℃ 以下运行时,处理效率有所下降,BOD_5 去除率常低于 80%。

(5) 水流状态

如果在曝气池内有个别流水段翻动缓慢,则要检查曝气器是否堵塞。如果爆气池入流污水和回流污泥以明渠方式流入曝气池,则要观察交汇处的水流状态,观察污水回流是否被顶托。

在表面曝气池中如果近池壁处水流翻动不剧烈,近叶轮处溅花高度及范围很小,则说明叶轮浸没深度不够,应予以调整。如果在沉砂池或沉淀池周角处有成团污泥或浮渣上浮,应检查排泥或渣是否及时、通畅,排泥量是否合适。

(6) 出水观测

正常污水厂处理后的出水透明度很高,悬浮颗粒很少,颜色略带黄色,无气味。在夏季,二沉池内往往有大量的水蚤,此时水质甚好,有经验的操作管理者往往能用肉眼粗略地判断出水的 BOD_5 的数值。如果出水透明度突然变差,出水中又有较多的悬浮固体,则应马上检查排泥是否及时,排泥管是否被堵塞或者是否由于高峰流量对二沉池的冲击太大。

(7) 排泥观测

首先要观测二沉池污泥出流井中的活性污泥是否连续不断地流出,且有一定的浓度。如果在排泥时发现有污水流出,则要从闸阀的开启程度和排泥时间的控制来调节。

(8) 各类流量的观测

充分利用计量设备或水位与流量的关系,牢牢掌握观测时段中的进水量、回流量、排泥量、空气压力的大小与变化。

(9) 泵、风机等设备的听、嗅、看、摸的直观观测

2. 理化分析指标

理化分析指标多少及分析频率取决于处理厂规模大小及化验人员和仪器设备的配备情况。在分析之前首先要采到合格的水样,然后对检测的项目进行分析化验,从而得出准确的结果。

(1) 水样的采集和处理

① 水样采集的目的和应注意的事项

城市污水处理厂水样采集的目的是对出水达标状况和各个工艺环节的运行状况进行分析。水样采集是通过采集很少一部分水样来反映被采集体的整体全貌,因此科学认真地采样是采出有代表性样品的关键。

采集水样时,首先应按规定的计划、地点、时间和专用的采样瓶采样。采样瓶在正式采样前要用被采样水冲洗 3 遍。采管道出水应放流一定时间后采集,以保证采集的水具有正常情况的代表性。采池、塘、河水样应在不同深度、宽度取样。

对有大块漂浮物等特殊情况应以有代表性为原则决定取舍和取舍的方式。对易变化的水样,采集后应尽快分析或采取恒温保存、加药固化等措施将水样暂时存放好并对水样做好记录,样瓶上要有明确标记。

② 瞬时样和混合样

瞬时样只能代表被采样地点的被采水的组成。只有当被采水的组成在一个相当长的时期或在各方向相当长的距离内相对稳定的情况下,瞬时样才具有代表性。当被采水的组成随时间变化时,应在适宜的间隔内采集瞬时样分别分析;当被采水的组成随空间变化而不随时间变化时,应在各个适当的地点同时采集瞬时样;当分析成分与水样储存中很易发生变化时,应采集瞬时样,并立即分析其成分,如剩余氯、可溶性硫化物、溶解性固体、温度、pH 等。用于保证污水处理厂控制工艺过程目的,通常采用瞬时样。

混合样在绝大多数情况下是对在同一采样点上于不同时间采集的瞬时样加以混合,故也被称为时间混合样。时间混合样对分析平均浓度最有用。城市污水处理厂处理水的出水水质分析,最宜采用混合样。由于有的城市污水处理厂的来水与出水随时间变化,为了取得更有代表性的水样,还可以根据水量变化相应比例体积的瞬时样,最终加以混合,分析平均浓度。

③ 水样的采集频率与自动采样

水样的采集频率从理论上讲是越高越好,时间间隔越短越好,从而分析结果也越可靠,但水样的采集时间和分析时间限制了采集的时间间隔,要视具体项目和情况而定。

自动采样器可较好地进行混合样的采集,而且大部分带有冷藏功能,可保存采集水样的水质稳定,但使用自动采样器时要注意取样管是后插上的,因此应使用无污染采样管,最好用 PVC 塑料管。由于是自动采样,人们往往忽视了对自动采样器的维护保养和监护。自动采样器采样后,要及时将水样取出。使用自动取样器还应注意定时清洗取样瓶、取样管。对冬季室外安装的自动取样器还要注意防冻。

(2) 常用的监测项目

① 反映效果的项目

进出水总的 BOD(生化需氧量)、COD(化学需氧量)和溶解性的 BOD、COD,进出水总的 SS(总悬浮物)和挥发性的 SS,进出水中的有毒物质(对应工业废水所占比例较大的情况)。

② 反映污泥情况的项目

SV(污泥沉降比,用％表示)、MLSS(混合液悬浮固体浓度,用％表示)、MLVSS(混合液挥发性悬浮固体浓度)、微生物相观察等。

③ 反映污泥营养和环境条件的项目

氮含量、磷含量、pH、溶解氧、水温等。

(3) 项目监测与化验

① COD

所测 COD 包括进水 COD 和出水 COD 值。一般应做混合样,用于特别的工艺控制时,也可做瞬时样。COD 反映了水中受还原性物质污染的程度,水中还原性物质包括有机物、亚硝酸盐、亚铁盐、硫化物等。COD 的测定一般用重铬酸钾法,其基本原理是:在强酸性溶液中,一定量的重铬酸钾氧化水样中的还原性物质,过量的重铬酸钾以试亚铁灵做指示剂,用硫酸亚铁铵回滴,根据用量算出水样中还原性物质消耗氧的量。

酸性重铬酸钾氧化性很强,可氧化大部分有机物,加入硫酸银做催化剂时,直链脂肪族化合物可完全被氧化。而芳香族有机物却不易被氧化,吡啶不被氧化。挥发性直链脂肪族化合物、苯等有机物存在于蒸气相中,不能被氯化剂液体接触,氧化不明显。氯离子能被重铬酸盐氧化,并且能与硫酸银作用产生沉淀,影响测定结果,故在回流前向水样中加入硫酸汞,使之成为结合物以消除干扰。

② BOD$_5$

BOD$_5$ 的监测包括进水 BOD$_5$ 和出水 BOD$_5$,一般应做混合样,用于特别的工艺控制时,也可做瞬时样。每天至少一次。BOD$_5$ 测定需要 5 d 时间,因此,一般只能用于工艺效果评价和长周期的工艺调控。对于特定的处理厂,可以建立 BOD$_5$ 和 COD 的相关关系,用 COD 粗估 BOD$_5$ 值,因为 COD 值一般在 3 h 内即可得到结果。城市污水的 BOD$_5$ 测定方法如下:

(a) 选择一组不同的稀释比,对水样稀释,分别测出稀释后水样的溶解氧浓度。

(b) 将稀释后的水样注入培养瓶,加盖和加上水封后置于恒温箱内(保持 20 ℃),要保证空气中的氧不进入水样。

(c) 水样在恒温箱内保持 5 d 后取出,再分别测定剩余的溶解氧。

(d) 计算 5 日生化需氧量。对不含有毒物水样,有合适的稀释比的培养样品,其计算所得的 BOD$_5$ 值应一致。稀释比的选定是相当重要的,稀释比太低,会出现测不出结果的情况。

测定工业废水的 BOD$_5$ 常要投加经过驯化的微生物。这是因为如果工业废水中含有有毒物质时,会对微生物的活动产生抑制作用,从而影响对有机物的分解。

③ SS

进水和出水应测总悬浮固体(TSS),曝气池混合液应分别测总悬浮固体(MLSS)和挥发性悬浮固体(MLVSS),回流污泥应分别测总悬浮固体(RSS)和挥发性悬浮固体(RVSS),以上项目一般可做瞬时样。

测定 SS 时,一般可采集一定体积的废水,用过滤法截留悬浮固体,以过滤介质截留悬浮固体前后的质量差作为悬浮固体的量,折成每升水样的含悬浮固体量。

在处理废水时,常用简单的沉淀方法从废水中去除悬浮固体,由于悬浮固体本身的沉淀性能及工程实际条件的限制,在实验室及处理设施中,简单的沉淀不能去除全部悬浮固体,只有颗粒大的部分下沉,这部分下沉的固体叫作可沉固体,废水的可沉固体可以用沉淀锥测定。水样在沉淀锥中的沉淀时间,常采用废水流经沉淀池的时间,一般是 1~2 h,废水在沉淀锥中的沉淀条件下沉淀下来的可沉固体的量基本上等于每升废水在沉淀池中形成的污泥量。

MLSS 浓度又称混合液污泥浓度,它表示的是混合液中的活性污泥的浓度,即单位容积混合液内所含有的活性污泥固体物的总质量。MLVSS 浓度是混合液活性污泥中有机性固体物质的浓度,能够比较准确地表示活性污泥活性部分的数量。

④ SV 与 SVI

混合液的 SV 和 SVI 是经常性测定的项目,可随时测定,用于工艺调控。SV又称 30 min 沉淀率,是混合液在量筒内静置 30 min 后所形成的沉淀污泥的容积占原混合液容积的百分率,用%表示。污泥沉降比能够反映反应器-曝气池正常运行时的污泥量,可用于控制剩余污泥的排放量,还能够通过它及早发现污泥膨胀异常现象的发生。

污泥体积指数(SVI)是指曝气池出口处混合液经 30 min 静沉后,每克干污泥所形成的沉淀污泥所占的容积,用 mL 计。

$$SVI = \frac{混合液(1\ L)30\ min\ 静沉形成的活性污泥容积(mL)}{混合液(1\ L)中悬浮固体的干重(g)} = \frac{SV(mL/L)}{MLSS(g/L)}$$

SVI 值能够反映出活性污泥的凝聚、沉淀性能,一般以在 70~100 范围为宜。SVI 值过低,说明泥粒细小,无机物含量高,缺乏活性;SVI 值过高,说明污泥沉降性能不好,而且还有产生膨胀现象的可能。

⑤ 泥位

应定期测定二沉池的泥位,小型处理厂可用顶部带有控制阀的取样测定,大型处理厂应设在线泥位计。

⑥ DO

主要测曝气池混合液的溶解氧 DO 的值。对于推流曝气池,应取各点的平均值,如入口、出口和中间 3 点的平均值,如有可能,还应测不同深度下的 DO 值。DO 测定一般只能做瞬时样,每次测定间歇越短越好,大型处理厂一般应设在线仪表进行连续测定。另外,每天还应测二沉池出水的 DO 值。

测定水中溶解氧常采用碘量法及其修正法和膜电极法。清洁水可直接采用碘量法测定,水样有色或含有氧化性及还原性物质、藻类、悬浮物等会干扰测定。氧化性物质可使碘化物游离出碘,产生正干扰;某些还原性物质可把碘还原成碘化物,产生负干扰;有机物可能被部分氧化,产生负干扰。所以大部分受污染的地面水和工业废水,必须采用修正的碘量法或膜电极法测定。膜电极法是根据分子氧透过薄膜的扩散速率来测定水中溶解氧的。该方法简便、快速、干扰少,可用于现场测定。

⑦ pH

测定进水出水的 pH。pH 表示污水的酸碱程度。可以用滴定法测出 pH 的大小,也可用 pH 计测定。

⑧ 营养元素

入流污水中应定期测定 NH_3-N、TKN 以及 TP,核算营养是否平衡,即 BOD_5：TKN：TP 是否为 100：5：1,应定期测定出水的 NH_3-N、TKN 和 NO_3-N,观察是否存在硝化。这些指标对污水的生化处理至关重要。

4.6.2 水质监测综合实验

1. 综合实验的基本目的

(1) 掌握水质监测各项指标测定的原理及方法。
(2) 掌握实验所需仪器的使用方法。
(3) 了解监测区域水质的污染状况。

2. 实验程序及基本要求

(1) 水样采集与配制

可在学校附近河、湖和池塘进行采样,为保证水质监测的科学性,可多点采样,如前后左右各取一个。对于磷、重金属含量可通过化学药剂配制污水来测定。

(2) 样品保存与运输

① 水样采集后应使用冷藏箱冷藏并尽快运到实验室。
② 测定溶解氧的水样应当场固定处理,且必须充满容器。
③ 测定金属离子时应加入 HNO_3 调节水样 pH 至 1~2。
④ 测定 pH、温度电导率的水样应尽快送往实验室进行测定。

(3) 主要水质监测项目

主要水质监测项目如表 4.8 所示。

表 4.8 主要水质监测项目表

监测项目			
温度	pH	电导率	溶解氧
COD	高锰酸钾指数	硫化物	磷
悬浮物	六价铬	铵态氮	硝态氮
亚硝态氮	砷	汞	镉
铅	铁	TOC	总氯

(4) 现场采样及处理方法

需要现场测的指标可当时完成,如温度、电导率、溶解氧,如条件不允许,应立即送往实验室测定;测定悬浮物、pH、生化需氧量等项目需要单独采样,测定溶解氧、生化需氧量和有机污染物等项目的水样必须充满容器。

① 水温的测定

温度为现场监测项目之一,可采用采样器上的温度计或实验用温度计直接读数。

② pH 的测定

pH 是水中氢离子活度的负对数。现场监测使用的是便携式 pH 计或酸度计法。pH 常用复合电极法。以玻璃电极为指示电极,以 Ag/AgCl 等为参比电极合在一起组成 pH 复合电极,电动势随氢离子活度变化而发生偏移来测定水样的pH。复合电极 pH 计均有温度补偿装置,用以校正温度对电极的影响,用于常规水样监测可准确至 0.1 pH 单位。为了提高测定的准确度,校准仪器时选用的标准缓冲溶液的 pH 应与水样的 pH 接近。

③ 电导率的测定

采用电导率仪检测水样的电导率。由于电导是电阻的倒数,因此,当两个电极插入溶液中,可以测出两电极间的电阻 R,根据欧姆定律,温度一定时,这个电阻值与电极的间距 $L(\mathrm{cm})$ 成正比,与电极的截面积 $A(\mathrm{cm}^2)$ 成反比,即

$$R = \rho L / A$$

由于电极面积 A 和间距 L 都是固定不变的,故 L/A 是一常数,称为电导池常数(以 Q 表示)。比例常数 ρ 称作电阻率。其倒数 $1/\rho$ 称为电导率,以 K 表示。

$$S = \frac{1}{R} = \frac{1}{\rho Q}$$

式中,S 表示电导度,反映导电能力的强弱。所以,$K = QS$ 或 $K = Q/R$。当已知电导池常数,并测出电阻后,即可求出电导率。水中水溶性盐属于强电解质,其溶液具有导电作用,在一定范围内电导率和水溶性盐含量呈正相关。

3. 实验仪器及药剂

(1) 实验仪器

分光光度计,火焰原子检测器,原子荧光检测器,TOC 分析仪。

(2) 实验器皿

水质监测常用实验器皿如表 4.9 所示。

表 4.9 水质监测常用实验器皿表

仪器	规格	数量(个)	仪器	规格	数量(个)
三角瓶	250 mL	6	比色管架		1
碘量瓶	250 mL	2	电炉	1000 W	1
磨口三角瓶	250 mL	1	剪刀	把	1
冷凝管		1	乳胶管	根	2
烧杯	100 mL	2	吸耳球		2
烧杯	200 mL	2	玻璃棒	根	2
烧杯	500 mL	2	滤膜	张	5
烧杯	1000 mL	1	滤纸	张	10
容量瓶	100 mL	1	漏斗	个	1
容量瓶	250 mL	1	镜头纸	本	1
容量瓶	500 mL	1	移液管	1 mL	2
容量瓶	1000 mL	1	移液管	2 mL	2
试剂瓶	50 mL	2	移液管	5 mL	2
试剂瓶	125 mL	2	移液管	10 mL	2
试剂瓶	500 mL	2	移液管	25 mL	1
试剂瓶	1000 mL	2	移液管	50 mL	1
滴瓶	50 mL	2	移液管架		1
比色管	50 mL	10	酸式滴定管	50 mL	1
取样瓶	500 mL	2	碱式滴定管	50 mL	1
量筒	500 mL	1	量筒	100 mL	2

(3) 化学药剂(见具体实验)

4.6.3 碘量法测定水中溶解氧

1. 实验原理

水中溶解的氧称为溶解氧。污染严重、有机物含量高的水中溶解氧含量低。藻类繁殖的水中,白天光合作用强,水中溶解氧丰富,夜间生物的呼吸作用使水中溶解氧减少。其他的影响因素包括曝气和水体流动,曝气能增加水中的溶解氧。因此,采集水样时要注意尽量少扰动水体。

水中溶解氧测定原理:往水样中加入硫酸锰和氢氧化钠-碘化钾溶液,水中的溶解氧将二价锰氧化成三价或四价锰,并生成氢氧化物沉淀(此过程又称为溶解氧的固定)。加酸溶解高价锰的氢氧化物沉淀时,它会与碘离子反应,析出与溶解氧量相当的游离碘,用硫代硫酸钠标准溶液滴定析出的游离碘,即可间接地计算出水中溶解氧的浓度。

2. 实验用品

(1) 实验器材

碘量瓶 2 个,250 mL 三角瓶 6 个,酸式滴定管,移液管 100 mL,2 mL,1 mL 各 2 支。

(2) 试剂药品

硫酸锰,碘化钾,重铬酸钾,氢氧化钠,浓硫酸,硫代硫酸钠等。

3. 实验过程

(1) 实验试剂准备

① 硫酸锰溶液:称取硫酸锰 18.2 g 溶解于 50 mL 蒸馏水中。

② 碱性碘化钾溶液:称取 25 g 氢氧化钠溶解在 20 mL 蒸馏水中,另外称取 7.5 g 碘化钾溶解在 20 mL 蒸馏水中,待氢氧化钠溶液冷却后,将两种溶液混合,用蒸馏水稀释、定容到 50 mL,储于棕色瓶中,避光保存。

③ 淀粉溶液(1%):称取 0.5 g 可溶性淀粉,用少量水调成糊状,再用刚煮沸的水冲稀到 50 mL。

④ 硫代硫酸钠标准溶液(预定浓度 0.025 mol/L)的配制

称取 1.55 g 硫代硫酸钠,溶于煮沸放冷的蒸馏水中,用蒸馏水稀释定容到 250 mL,储于棕色瓶内,用重铬酸钾标准溶液标定其准确浓度。

⑤ 重铬酸钾标准溶液(0.05 mol/L,$1/6\ K_2Cr_2O_7$)的配制

称取在 105～110 ℃烘干并冷却的重铬酸钾 0.24516 g,溶于蒸馏水后定量转入 100 mL 容量瓶中,再用蒸馏水稀释定容到刻度线,摇匀,其浓度为 0.05 mol/L ($1/6K_2Cr_2O_7$)。

(2) 溶氧量测定实验

水样的 DO 值检测采用碘量法,具体实验过程如图 4.12 所示。

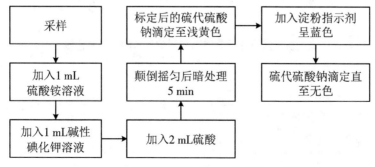

图 4.12　碘量法检测水样 DO 值的实验步骤

① 采样：用虹吸法把水样放入溶解氧测定瓶内，并让水从瓶口溢流出 10 s。然后用移液管插入液面下加入 1 mL 硫酸锰溶液，再用移液管插入液面下加入 2 mL 碱性碘化钾溶液，盖好瓶塞，勿使瓶内有气泡，颠倒混合 10 次，然后静置。待棕色絮状物沉降至一半高度时再颠倒混合几次后带回实验室测定。

② 硫代硫酸钠溶液的标定

取 250 mL 碘量瓶 4 个，按实验号分为两组。各组瓶中加入 50 mL 蒸馏水和 1 g 碘化钾，摇匀。按照表 4.10 所列滴定用重铬酸钾标准溶液体积(mL)和补加蒸馏水体积(mL)往各组瓶中加入重铬酸钾标准溶液和蒸馏水，再各加入 5 mL 浓度为 1∶5 的硫酸溶液，摇匀后在暗处放置 5 min。用待标定的硫代硫酸钠标准溶液滴定至溶液呈淡黄色时，加入 1 mL 淀粉指示液，继续滴定至蓝色刚好消失，记录用量(同时做空白滴定)。滴定用重铬酸钾标准溶液体积为 10.00 mL，补加蒸馏水体积为 15.0 mL。硫代硫酸钠标准溶液的浓度 C(mol/L)按下式计算：

$$C = (15.00 \times 0.05)/(V_1 - V_2)$$

式中，V_1 为滴定重铬酸钾标准溶液消耗的硫代硫酸钠标准溶液的体积，单位为 mL；V_2 为滴定空白溶液消耗的硫代硫酸钠标准溶液的体积，单位为 mL；0.05 为重铬酸钾标准溶液浓度，单位为 mol/L。

③ 溶解氧的测定：轻轻打开溶解氧测定瓶塞，立即用移液管插入液面下加入 1.5~2.0 mL 浓硫酸，小心塞好瓶塞，颠倒混合至沉淀物全部溶解为止。在暗处放置 5 min。然后用移液管吸出 100 mL 上述溶液，放入 250 mL 三角瓶中，用标定后的硫代硫酸钠标准溶液滴定到溶液呈微黄色，加入 1 mL 淀粉溶液，再用硫代硫酸钠溶液滴定到溶液的蓝色刚退去为终点。记录滴定中硫代硫酸钠标准溶液的消耗量：

$$DO = C \times V \times 8 \times 1000/V_{水样}$$

式中，C 为硫代硫酸钠溶液的浓度，单位为 mol/L；V 为滴定样品时消耗硫代硫酸钠溶液的体积，单位为 mL。

4. 实验报告与数据处理

(1) 硫代硫酸钠溶液的标定结果

滴定重铬酸钾标准溶液消耗的硫代硫酸钠标准溶液的体积 V_1 如表 4.10 所示。

表 4.10　滴定重铬酸钾标准溶液消耗的硫代硫酸钠标准溶液的体积 V_1

瓶号	1	2
滴定前体积		
滴定后体积		
硫代硫酸钠消耗(mL)		

滴定空白溶液消耗的硫代硫酸钠标准溶液的体积 V_2 如表 4.11 所示。

表 4.11　滴定空白溶液消耗的硫代硫酸钠标准溶液的体积 V_2

瓶号	1	2
硫代硫酸钠消耗(mL)		

计算硫代硫酸钠消耗平均值：

$$V_1 = \qquad \text{(mL)}$$

代入公式求出硫代硫酸钠标准溶液的浓度：

$$C = 15.00 \times 0.05 \div (V_1 - V_2) = \qquad \text{(mol/L)}$$

(2) 溶解氧测定结果

溶解氧测定结果如表 4.12 所示。

表 4.12　溶解氧测定结果记录表

	水样 1	水样 2
滴定前体积		
滴定后体积		
滴定体积 V(mL)		

计算硫代硫酸钠消耗平均值：

$$V = \qquad \text{(mL)}$$

代入公式溶解氧(O_2,mg/L),得

$$DO = C \times V \times 8 \times 1000 \div 100 = \qquad \text{(mg/L)}$$

(3) 水质分析

国家地表水水质溶氧量标准如表 4.13 所示,根据国家标准,判断该水质为几类水体,有什么用途?

表 4.13　国家地表水水质溶氧量标准

	I	II	III	IV	V
溶解氧(mg/L)	7.5	6	5	3	2

4.6.4　水样化学耗氧量(COD)测定

1. 实验原理

在强酸性溶液中,一定量的重铬酸钾氧化水样中的还原性物质,过量的重铬酸钾以试亚铁灵做指示剂,用硫酸亚铁铵溶液回滴,根据用量算出水样中还原性物质消耗氧的量,即

总的重铬酸钾的量－剩余重铬酸钾的量＝消耗的重铬酸钾的量

2. 仪器设备与试剂

(1) 电炉,回流装置,50 mL 酸式滴定管,250 mL 磨口锥形瓶,容量瓶 100 mL,250 mL 若干,移液管 5 mL,10 mL,20 mL 若干。

(2) 试剂药品:硫酸银,硫酸汞,硫酸亚铁铵·6H$_2$O,重铬酸钾,邻菲罗啉,浓硫酸等。

(3) 重铬酸钾标准溶液(1/6 K$_2$Cr$_2$O$_7$＝0.2500 mol/L):称取预先在 120 ℃烘干 2 h 的基准或优级纯重铬酸钾 1.2258 g 溶于水中,移入 100 mL 容量瓶稀释至刻度线,摇匀。

(4) 试亚铁灵指示液:称取 1.485 g 邻菲罗啉(C$_{12}$H$_8$N$_2$·H$_2$O),0.695 g 硫酸亚铁(FeSO$_4$·7H$_2$O)溶于水中,稀释至 100 mL,储于棕色滴瓶中。

(5) 硫酸亚铁铵标准溶液[(NH$_4$)$_2$FeSO$_4$·6H$_2$O＝0.1 mol/L]:称取 3.95 g 硫酸亚铁铵溶于水中,边搅拌边缓慢加入 2 mL 浓硫酸,冷却后移入 100 mL 容量瓶,加水稀释至标线,摇匀,用重铬酸钾标准溶液标定。

(6) 硫酸-硫酸银溶于 2.5 L 浓硫酸中,加入 25 g 硫酸银,放置 1~2 d,不时摇动使其溶解。

3. 实验步骤

水样中化学需氧量(COD)的测定步骤如图 4.13 所示。

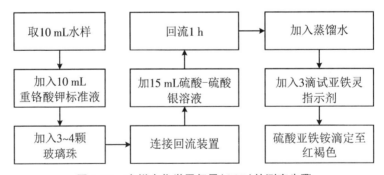

图 4.13 水样中化学需氧量(COD)的测定步骤

(1) 水样和空白处理

取 1 份 10 mL 混合均匀水样分别置于磨口三角瓶中,加入 3~4 颗玻璃珠,另取 1 个三角瓶,加入 10 mL 蒸馏水,作为空白实验。各瓶准确加入 10 mL 重铬酸钾标准溶液,然后慢慢各加入 15 mL 硫酸-硫酸银溶液,三角瓶上接好冷凝器,电炉上加热,沸腾后继续加热 1 h,断开电源,冷却。

(2) 标定用溶液制备

吸取两份 10 mL 重铬酸钾标准溶液,分别加入到两个 250 mL 的三角瓶中,加入 40 mL 蒸馏水,然后缓慢加入 15 mL 浓硫酸,混匀冷却。

(3) 滴定

往样品、空白、标定各瓶中加入 3 滴试亚铁灵指示剂溶液,用硫酸亚铁铵溶液滴定,溶液的颜色由黄色经蓝绿色至红褐色即为终点。记录各瓶消耗的硫酸亚铁铵标准溶液 mL 数。

4. 实验报告与数据处理

(1) 数据记录

化学需氧量(COD)检测数据如表 4.14 所示。

表 4.14　化学需氧量(COD)检测数据记录表

标定	1	2	平均
V_d	25.00	25.10	25.05
空白	1	2	平均
V_0			
样品	1	2	平均
V_1			

空白实验的硫酸亚铁铵溶液用量:

$$V_0 = \qquad (mL)$$

滴定水样时硫酸亚铁铵溶液用量:

$$V_1 = \qquad (mL)$$

(2) 计算硫酸亚铁铵溶液浓度

硫酸亚铁铵溶液浓度:

$$C = 0.2500 \times 10.00 \div V_d$$

式中,V_d 为滴定标定液时消耗的硫酸亚铁铵平均 mL 数;C 为硫酸亚铁铵标准溶液浓度,单位为 mol/L。

(3) 计算水样 COD_{Cr} 值

水样 COD_{Cr} 值计算公式如下:

$$COD(O_2, mg/L) = (V_0 - V_1) \times C \times 8 \times 1000 \div V$$

式中,C 为硫酸亚铁铵标准溶液浓度,单位为 mol/L;V_0 为空白实验的硫酸亚铁铵溶液用量平均值,单位为 mL;V_1 为滴定水样时硫酸亚铁铵溶液用量的平均值,单位为 mL;V 为测定用水样的体积,单位为 mL。

(4) 分析评价

依据国家标准,分析该水样的有机质含量情况,国家地表水水质化学需氧量(COD)标准如表 4.15 所示。

表 4.15　国家地表水水质化学需氧量(COD)标准

	I	II	III	IV	V
COD(mg/L)	15	15	20	30	40

4.6.5　磷的测定

1. 实验原理

有效磷:有效磷是指水中水溶性磷和部分吸附态磷,通过过滤将不溶性杂质去除后,在酸性介质中,正磷酸盐和钼酸铵反应,在锑盐存在下生成磷钼杂多酸后,立即被抗坏血酸还原,生成蓝色的络合物。在 700 nm 下吸光度与磷酸根含量相关。

总磷:在中性条件下用过硫酸钾使试样消解,将所含磷全部氧化为正磷酸,在酸性介质中,正磷酸盐和钼酸铵反应,在锑盐存在下生成磷钼杂多酸后,立即被抗坏血酸还原,生成蓝色的络合物,在 700 nm 下吸光度与磷酸根含量相关。

2. 仪器与试剂

(1) 仪器设备:分光光度计,高压灭菌锅,高速抽滤机。

(2) 试剂药品:

① 过硫酸钾:取 5 g 定容到 100 mL。

② 磷储备液:取 0.2719 g 加 5 mL 1:1 硫酸定容到 1 L。

③ 磷标液:取 10 mL 磷储备液,定容到 250 mL。

④ 钼酸盐:取 1.3 g 钼酸铵溶于 10 mL 水中,取 0.035 g 酒石酸氧锑钾溶于 10 mL 水中,加入 30 mL 硫酸(1:1)。

⑤ 抗坏血酸:取 2 g 溶于 20 mL 水中。

3. 实验步骤

(1) 绘制标准磷吸收曲线

取 7 支 50 mL 比色管,分别加入 0 mL,1 mL,2 mL,6 mL,10 mL,20 mL,30 mL 磷标液,于 50 mL 比色管中,用蒸馏水定容到 50 mL,分别加入 1 mL 抗坏血酸,30 s 后加入 2 mL 钼酸盐溶液,充分摇匀,15 min 后在 700 nm 处比色测定,做标准曲线。

(2) 总磷的测定

取两个比色管各加入 25 mL 水样,1 mL 硫酸(1∶1),4 mL 过硫酸钾,放入高压灭菌锅消煮 1 h 后,冷却加入 1 mL 抗坏血酸,30 s 后加入 2 mL 钼酸盐溶液,充分摇匀,15 min 后,测吸光度,求出总磷。

(3) 有效磷的测定

取两个比色管加入 25 mL 抽滤的水样,加入 1 mL 抗坏血酸,30 s 后加入 2 mL 钼酸盐溶液,充分摇匀,15 min 后,测吸光度,求出有效磷。

含磷污水标准吸收曲线的数据测定步骤如图 4.14 所示。

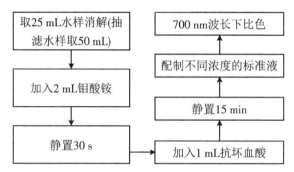

图 4.14　含磷污水标准吸收曲线的数据测定步骤

4. 实验报告与数据处理

(1) 磷标准曲线绘制

① 填充表 4.16。

表 4.16　磷标准曲线记录表

标号	0	1	2	3	4	5	6
浓度							
吸光度							

② 绘图。

③ 计算线性系数 R^2。

(2) 水样中磷含量计算

水样中磷含量记录于表 4.17 中。

表 4.17　水样中磷含量记录表

	1	2	平均
总磷吸光度			
磷浓度(g/mL)			

(3) 水样分析评价

依据城镇污水排放标准中的磷浓度规定,分析水样的富营养化污染情况。城镇污水排放标准中的磷浓度规定如表 4.18 所示。

表 4.18 城镇污水排放标准中的磷浓度规定

	一级 A	一级 B	二级	三级
总磷(mg/L)	0.5	1.0	3.0	5.0

注:依据《城镇污水处理厂污染物排放标准》GB18918—2002。

第5章　典型二次资源深加工实验

5.1　粉煤灰的分离分选及资源化利用实验

5.1.1　粉煤灰综合利用概述

在我国的能源结构中,煤炭长期占据主体地位,电力的 76% 是由煤炭产生的,火电厂的煤炭燃烧产生大量粉煤灰。近年来,我国粉煤灰产生量随发电量的增加迅速提高,近几年每年粉煤灰产量约为 6 亿 t。而与此同时,我国粉煤灰利用率仅有 70% 左右,因此粉煤灰的总储量仍然以每年 1.8 亿 t 的速度增长,由此造成粉煤灰囤积量巨大、存量迅速增长的严重局面。一方面,粉煤灰存放不仅占用大量耕地,而且会引发土壤污染、水体污染、粉尘污染等诸多环境问题;另一方面,粉煤灰中含有大量无机矿物资源,对粉煤灰资源化利用不足、低水平利用造成了巨大的资源浪费。

粉煤灰中的矿物资源可分为玻璃体和晶体两大类,其中玻璃体多为铝硅酸盐玻璃体,晶体物质包括赤铁矿、磁铁矿、莫来石、石英等。根据粉煤灰产地的不同,晶体含量在 11%～48% 范围内波动。此外,粉煤灰中还含有多种微量元素。近年来,由于全社会环境保护意识的加强,粉煤灰资源化领域的科研与应用蓬勃发展,专利数量逐年增加,部分专利已经转化为生产力。我国粉煤灰综合利用呈现出东部发达地区利用率高,西北等经济落后地区利用率偏低的特点。据不完全统计,我国粉煤灰在各领域的利用效率分别为:建材产品占 45%,道路工程占 20%,农业利用占 15%,填筑材料占 15%,提取矿物和高附加值利用占 5%,特别是受原材料品质、地域、市场等因素限制,仍有大量粉煤灰无法得到有效利用。相对于发达国家,我国资源综合利用价值及利用率偏低。同时,我国的粉煤灰综合利用多为低附加值的简单利用,大规模的精细化、高附加值利用的案例还不多。为此,对粉煤灰进行精细分选实现精细化、高附加值的资源化应用已成为我国资源循环领域的重要研究课题。

粉煤灰复杂的矿物组成和结构是限制其实现精细化利用的关键因素。因此要实现粉煤灰的精细化利用,首先需要按其组分进行精细分类与分级。基于此,本节将探讨粉煤灰综合分离分选及其资源化利用的方法与实验操作。

5.1.2　粉煤灰中磁性物提取及精细利用

1. 粉煤灰磁珠的精细分选

首先,以粉煤灰中的磁性组分为例探讨粉煤灰的精细分选及高附加值利用。因生产地域不同,粉煤灰中包含 4%～18% 左右铁含量较高的磁性微珠,称为粉煤灰磁珠。一方面,磁珠可由粉煤灰经磁选获得,成本低廉,同时又具有粉煤灰特有的多孔结构,经处理后具有良好的资源化利用前景;另一方面,去除磁性成分后粉煤灰中的铁含量降低,有利于其在水泥、陶瓷、树脂填充、复合材料等领域的应用。粉煤灰磁珠的综合利用已成为粉煤灰精细化利用的重要方向之一。

磁珠中的铁元素来源于燃煤中的黄铁矿、白铁矿和天蓝石等含铁伴生矿物。磁珠中除铁氧化物含量较高外,一般还含有较高比例的 Si、Al 及少量的 Mn、Ca、Ti、Na、Mg 等元素,可将磁珠作为 $Fe_xO_y\text{-}Al_2O_3\text{-}SiO_2$ 系统进行研究。受铁元素含量及其热演化过程差异的影响,磁珠表现为光面磁珠、片状磁珠、枝状磁珠、粒状磁珠和子母磁珠等多种形貌,各种形貌的磁珠都具有较高的孔隙率,为磁珠资源化提供了丰富的结构改性。磁珠按铁含量及结晶状态不同又可分为 4 类:铁氧化物相、含铝硅的铁氧化物相、富铁的铝硅酸盐相和含铁的铝硅酸盐相。磁珠中铁含量的不同及物相差异,使其具有不同的磁性及结构特点。最近,研究者已对粉煤灰磁珠按磁性进行精细分级,并对其磁性、形貌结构进行了系统的对比分析。不同磁性磁珠的化学组成如表 5.1 所示,其形貌如图 5.1 所示。研究表明不同磁性的磁珠具有不同的形貌和矿物组成。对磁珠的精细分级和系统研究,有助于实现粉煤灰的精细化、高附加值利用,具体研究工艺如图 5.2 所示。经过多次、不同磁场力的磁分选后,可将粉煤灰中的磁性组分彻底分选出来,并依据磁性强弱及粒度差异,获得强、中、弱磁性的 3 种磁珠产品。每种磁珠不仅磁性强弱不同,而且化学组成及微观结构都有差异,可以通过粉碎加工,酸、碱处理,表面改性和复合改性等方法,区别化地实现资源化利用。

表 5.1　通过能谱分析获得的磁珠化学组成(At%)

项目	O	Si	Fe	Al	C	Ti	Mg	Ca	比饱和磁化强度
强磁性磁珠 (emu/g)	39.28	1.67	59.94	1.05	2.95	—	—	—	>12.0
中磁性磁珠 (emu/g)	47.01	17.38	26.05	6.63	—	0.21	1.63	1.21	4.0～12.0
弱磁性磁珠 (emu/g)	44.38	21.60	15.29	6.48	4.27	0.74	4.59	—	0.8～4.0

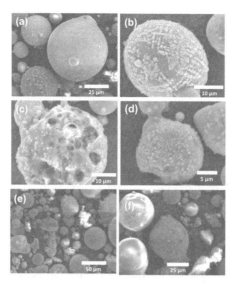

图 5.1　(a),(b)为强磁性,(c),(d)为中磁性,(e),(f)为弱磁性磁珠的 SEM 图像

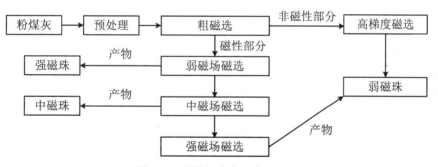

图 5.2　粉煤灰分步磁选流程图

2. 粉煤灰磁珠的资源化利用

(1) 用作加重介质

重介质选煤是目前我国大型选煤厂普遍使用的选煤方式。配制性质合乎要求的重液是实现重介选矿的前提,选煤厂主要采用微细粒磁铁矿粉作为重介质配制重液。根据 GB/T 19711 规定,特细磁铁矿粉中的磁性物含量>95%,粒径 45 μm 的比例>90%,所以价格昂贵。由于重介选有一定的介耗,因此重介损失在选煤成本中占比较大,降低重介损耗已成为煤炭行业节能降耗、提高经济效益的重要研究方向。粉煤灰磁珠与磁铁矿粉在粒度、密度、黏度、比磁化率和悬浮液稳定性等方面都非常类似,实验和理论分析表明,将磁珠通过恰当的处理,可以代替磁铁矿粉作为选煤用重介质。有研究利用磁珠替代部分(掺加比例为 25%~100%)磁铁矿粉作为加重质,并通过控制磁珠与磁铁矿粉的不同配比进行系统的工业化实验。

结果表明,粉煤灰磁珠的添加比例对精煤分选效率及灰分等指标没有影响,但新型重介质的回收率略低于磁铁矿粉重介质的回收率。七台河市燃料公司选煤厂将磁珠作为空气重介选煤的加重质,效果优于磁铁矿粉及磁铁矿粉、石英粉、煤粉三合一介质,是空气重介选煤法的一种良好加重质。将磁珠作为重介质选煤中的新型加重质,具有成本低、耐磨性、耐氧化、社会效益和环保效益高等优点。磁珠加重质的缺点是密度低,因而配制重液时悬浮液容积浓度大,但由于磁珠多为球体,所以流动性好,悬浮液的最大允许容积浓度高,故仍可以满足分选工艺要求。在当前煤炭市场价格持续走低、煤炭行业进入微利时代的严峻形势下,将粉煤灰磁珠作为低成本重介质部分代替磁铁矿粉,可大幅降低重介选煤成本,对于煤炭生产企业节能增效意义重大。同时,磁珠用于重介选煤又可消耗粉煤灰固体废弃物,节约宝贵的磁铁矿资源,具有明显的环保效益。

(2) 用作磁种材料

鉴于粉煤灰磁珠良好的磁性和多孔结构,可用作磁种材料、磁性载体、磁性吸附剂的廉价原材料,也可用于污水的磁絮凝处理、催化降解及重金属吸附。磁絮凝污水处理技术兴起于 20 世纪 90 年代,目前已在高浓度污水的处理中实现了工业化应用。磁絮凝技术可高效处理包括城市生活污水、藻华污水、餐饮污水、养殖污水在内的多种污水,磁絮凝污水处理技术具有处理时间短、污泥絮体体积少、澄清效果好等优点。但磁絮凝污水处理技术也存在着两个不足之处:一是该技术多采用高纯度磁铁矿粉作为磁种材料,其生产成本较高,不适合广泛应用于污水处理;二是该技术采用磁种、絮凝剂分步添加的工艺流程,造成工艺流程复杂,影响因素多。为解决磁种材料成本高的问题,可以采用物理化学性质与磁铁矿粉相近的粉煤灰磁珠作为磁种材料。已有文献表明,以磁珠作为磁种材料,通过高梯度磁分离,可有效处理含磷及重金属的污水。粉煤灰磁珠与磁铁矿粉在磁性方面相似,而密度低于磁铁矿粉,表面活性基团多,更易于与絮凝剂结合,因此可将粉煤灰磁珠用于磁种材料,完全可满足磁絮凝工艺的要求,同时也为粉煤灰精细化综合利用提出了一种简单易行的方法。为了简化磁絮凝的工艺流程,可制备集磁性与絮凝特性于一身的磁性絮凝剂,进而通过一次药剂添加实现磁絮凝沉降。利用粉煤灰磁珠/聚丙烯酰胺磁性絮凝剂就是典型一例,通过对粉煤灰进行分步磁选、球磨、表面修饰等处理,获得微磁珠悬浊液,然后加入聚丙烯酰胺并使其充分溶胀,干燥研磨后即得磁性絮凝剂。研究表明,该磁性絮凝剂磁性强,絮凝特性良好,满足磁絮凝与磁分离的要求。将粉煤灰磁珠与絮凝剂复合制备磁性絮凝剂,不但可简化磁絮凝过程中的药剂制度,通过一次药剂添加实现污染物的磁絮凝沉降,而且可减少混合及搅拌工序中的控制因素,同时减少了尾泥的处理量,有利于压滤工序的实施。

(3) 用于复合磁性吸附剂

沸石是一种具有选择性吸附和高吸附率的硅酸盐矿物,在污水处理领域,沸石微粒需要通过高速离心处理,才可与水体分离,不但成本高,而且对沸石粒度有一定限制。针对此问题,磁性沸石被引入到污水处理领域,以期实现高效磁分离。现有报道中,一般是通过向前驱体中加入 Fe_3O_4 纳米颗粒,使沸石获得磁性,由于化学合成磁性纳米颗粒成本高、污染环境,使磁性沸石的应用受到限制。最近,已有研究利用粉煤灰磁珠与红土作为前体材料合成了磁性沸石。研究表明,该磁性沸石具有高吸附性与磁性,可以轻易实现磁分离。磁珠与红土中主要含有 Fe、Al、Si 等元素,经调节比例后,可合成 Fe-Si-Al-O 磁性沸石。其中,磁珠中含铁相提供了磁性,代替了传统合成磁性沸石中需要的纳米 Fe_3O_4 添加剂,这些工作为精细化利用粉煤灰磁珠提供了新思路。

磁性吸附剂由于其优良的选择性吸附特性,并易于磁分离等性质,成为新型吸附材料的研究热点。目前研究较多的磁性吸附剂,多以纳米磁性颗粒为磁核,通过表面改性,使其具有特定功能或选择吸附性。例如,利用丙烯酸与丙烯酰胺作为交联剂,对磁珠进行表面改性,合成了一种具有磁性且选择性吸附 Pb^{2+} 离子的微粒凝胶。粉煤灰磁珠作为一种空心磁性微球,具有较小的粒径、较低的密度和较高的比表面积,具有作为优秀水处理剂的潜质。通过对粉煤灰磁珠表面改性,修饰上特定的功能高分子,可制备出兼具磁性与选择性吸附功能的复合材料。以磁珠为载体的磁性复合吸附材料,在粒径上大于以磁性纳米 Fe_3O_4 为磁核的材料,在负载相同的吸附剂涂层的条件下,处理污水的能力略低于纳米磁性吸附剂。但磁珠属于固体废弃物,来源广泛且成本低廉,因此比纳米磁性复合吸附剂性价比更高,同时具有较高的环境效益。

(4) 在其他方面的应用

磁珠可以作为载体负载具有光催化性能的材料复合制备成新型光催化剂。例如将纳米 TiO_2 颗粒直接负载于磁珠的表面制备出 TiO_2/磁珠磁性光催化剂,该光催化剂不但具有优异的光催化性能,而且可以经磁场高效分离回收。铁氧体($MeFe_2O_4$)吸波材料在新型建材、复合材料等领域需求量巨大,但通过化学合成铁氧体,成本高,而且环境负荷高。粉煤灰磁珠中含有丰富的铁氧资源,通过添加部分化工原料可制备出廉价的铁氧体吸波材料。例如利用粉煤灰磁珠通过干压成型制备出廉价的 Ni-Zn 铁氧体吸波材料,与以分析纯 Fe_2O_3 为原料制备的 Ni-Zn 铁氧体相比,其晶体结构完全一致,电磁参数值非常接近。这说明粉煤灰磁珠在替代分析纯 Fe_2O_3 制备铁氧体材料中完全可行。

粉煤灰磁珠的另一应用领域是氧化和捕收烟气中的 Hg。研究表明,粉煤灰中的铁氧化物(Fe_2O_3)对 Hg^0 具有催化氧化活性,其中 γ-Fe_2O_3 对烟气汞的形态影响远远超过 α-Fe_2O_3,磁珠本身含有多种微量过渡金属元素,也对其催化性能有促进作用,因此,粉煤灰磁珠具有高汞氧化率和脱除率。已有学者提出采用磁珠为原料合成磁性汞吸附剂的新思路。

5.1.3 粉煤灰综合分选实验(综合实验)

1. 实验目的

(1) 学习综合利用破碎、筛分、重选、磁电选、浮选等分选工艺,对粉煤灰矿物中的各种有用组分进行高效分选。

(2) 获得粉煤灰中有用组分的分类、含量及物化特性,掌握各组分的分离分选方法。

(3) 对粉煤灰的矿物组成、资源化前景进行定量评价。

2. 实验原理

综合分选实验应在充分考虑粉煤灰的矿物组成、矿物特性、有用组分资源化前景的基础上,通过综合破碎、筛分、重选、磁电选、浮选等技术设计出合理的分选工艺,最终实现对粉煤灰矿物中的各种有用组分进行充分、综合分选。

粉煤灰的成分复杂,不同地区粉煤灰的组成及各物质的含量也有很大的差异,即使是同一电厂,不同时间产生的粉煤灰也会有很大的差异。本综合实验要求根据粉煤灰主要的矿物组分,将粉煤灰中各矿相物质尽可能地充分分离。实验中涉及的有用组分包括超细微粉、漂珠、磁珠、残炭、玻璃体微珠等,以使粉煤灰得到高值、充分资源化利用。依据各组分的物理化学性质差异,并考虑实验室条件及环境因素,总体实验方案拟采用干-湿结合的分选工艺。超细微粉依据实验条件,可采用旋风分离法或细筛进行干法分离。粉煤灰中的磁珠通过磁选工艺分离。漂珠和残炭采用浮选的方法进行分步分选:漂珠的密度比水小,可依据浮沉条件实现分离;残炭表面性质与其他无机粉体不同,可以通过合适的浮选药剂进行分离。粉煤灰的综合分选实验流程如图 5.3 所示。

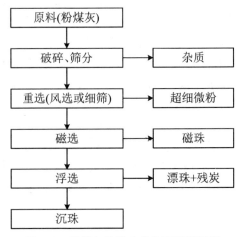

图 5.3 粉煤灰的综合分选实验流程图

3. 预处理

(1) 实验目的
① 对粉煤灰原料分选前进行干燥、破碎预处理。
② 获得粉煤灰颗粒的粒度组成规律。

(2) 基本原理
① 粉煤灰的干燥及破碎处理。粉煤灰由于在空气中存放,含水量增高,分选前应充分干燥,并利用粗碎设备简单破碎,消除团粒。

② 粉煤灰的筛分过程主要包括两个阶段:易于穿过筛孔的颗粒和不能穿过筛孔的颗粒所组成的物料层到达筛面;易于穿过筛孔的颗粒透过筛孔。

通常用筛分效率 E 来衡量筛分效果,其表示如下:

$$E = \frac{\beta(\alpha - \theta)}{\alpha(\beta - \theta)} \tag{5.1}$$

式中,E 为筛分效率,用%表示;α 为入料中小于规定粒度的细粒含量,用%表示;β 为筛下物中小于规定粒度的细粒含量,用%表示;θ 为筛上物中小于规定粒度的细粒含量,用%表示。

(3) 仪器设备及材料
① 振筛机 1 台。
② 标准套筛,直径 200 mm,孔径 0.25 mm,0.125 mm,0.075 mm,0.045 mm 的筛子各 1 个,底、盖 1 套。
③ 托盘天平 1 台,称量 200~500 g,感量 0.2~0.5 g。
④ 中号搪瓷盘 6 个,中号搪瓷盆 6 个,大盆 2 个。
⑤ 烘干、粗碎过的粉煤灰 1000 g。
⑥ 制样铲,毛刷,试样袋。

(4) 实验步骤与操作技术
首先将实验用粉煤灰置于大铁盘中,置于通风烘箱中 110 ℃下干燥 2 h,并利用粗碎设备进行简单破碎,消除团粒。然后依据实验要求称量,并置于振筛机中进行筛分。套筛可利用多层套筛,获取多组分样品。考虑到粉煤灰的粒度分布主要在 0.5~300 μm,为提高筛分效率及减小后续分选的工作量,选择 60 目,100 目和 200 目 3 个基本网目。振筛机操作流程如下:
① 学习振筛机设备操作规程,确保实验过程的顺利进行及人机安全。
② 接通电源,打开振筛机电源开关,检查设备运行是否正常。
③ 将烘干散体试样缩分并称取 80 g。
④ 将套筛按筛孔由大到小依次排列,套上筛底,然后将烘干的筛上物倒入最上层筛子内。

⑤ 把套筛置于振筛机上,固定好,开动机器,每隔 5 min 停下机器,用手筛检查一次。检查时,依次由上至下取下筛子放在搪瓷盘上用手筛,手筛 1 min,筛下物的质量不超过筛上物质量的 1%,即为筛净。筛下物倒入下一粒级中,各粒级都依次进行检查。

⑥ 筛完后,逐级称重,将各粒级产物缩制成化验样,装入试样袋送往化验室进行必要的分析。

⑦ 关闭总电源,整理仪器,打扫实验场所。

(5) 实验数据处理

① 将实验数据和计算结果按规定填入散体物料筛分实验结果记录表 5.2 中。

② 筛分前试样质量与筛分后各粒级产物质量之和的差值,不得超过筛分前煤样质量的 2.5%,否则实验应重新进行。

③ 计算各粒级产物的产率,用 % 表示。

表 5.2　粉煤灰筛分实验结果记录表

试样名称:＿＿＿＿＿＿＿　　试样粒度:＿＿＿＿＿＿＿ mm　试样质量:＿＿＿＿＿＿g
试样来源:＿＿＿＿＿＿＿　　试样其他指标:＿＿＿＿＿＿＿　实验日期:＿＿＿＿＿＿＿

粒度		质量(g)	产率(%)	正累积(%)	负累积(%)
mm	网目				
+0.30	+60				
0.30~0.147	−60+100				
0.147~0.074	−100+200				
−0.074	−200				
合计					

4. 磁珠分选实验

(1) 实验目的

① 通过磁选法获得粉煤灰中磁珠的含量。

② 确定磁珠的可选性指标。

(2) 实验原理

磁选实验可通过多种磁选设备实现。为简单起见,实验室用磁选管分选粉煤灰磁珠。磁选管是用于分析矿物中强磁性矿物含量的磁分析设备,主要由电磁铁和在电磁铁工作间隙内移动的玻璃管组成。它通过由 C 形铁芯和线圈组成的电磁铁产生磁场,待选矿物和水由玻璃管上端给入,强磁性矿物在通过电磁铁产生的磁场时由于磁力的作用被吸附在磁极附近的玻璃管内壁,非磁性矿物和弱磁性矿物则由于所受磁力较弱从玻璃管下端排出。

(3) 仪器设备与材料

仪器设备：$\varphi 50$ 磁选管，台式天平，烘箱，200 目筛子，塑料盆。

试样：粉煤灰，磁铁矿。

(4) 实验过程与操作技术

① 矿物试样准备：将烘干并筛分过的粉煤灰原料按照－60＋100 目，－100＋200 目和－200 目 3 粒度级称重分成若干份试样，以 20 g 为一个待选试样。

② 打开调节冲洗水管的下部和上部夹具，调节两个夹具使管内充满水，水面高于磁极头 100～200 mm，并保持稳定。

③ 接通电源，打开磁场开关，将电流（磁场）调至设定值，磁场强度由小及大分为 5 个值，开动传动装置。

④ 将待选试样给入玻璃管，试样中磁性颗粒被吸附在磁极附近的管内壁上，非磁性部分随冲洗水从玻璃管下部排出，非磁性矿物排出用塑料盆盛装。玻璃管的上下移动和左右回转有利于非磁性矿粒排出，冲洗水连续冲洗 5～15 min 后选分可以停止。

⑤ 关闭两个夹具，切断电流，排出磁性矿物颗粒。

⑥ 将 3 个粒度级的磁性产品和非磁性产品澄清、烘干和称重，计算试样中磁性矿物的含量。

5. 数据处理及实验报告

将实验数据记录在表 5.3 中，并在坐标轴上作 $H\text{-}\gamma$ 图，分析磁场强度 H 的变化与强磁性矿物产率 γ 之间的关系。在 0.3 T 磁场强度下对不同粒度的样品的产率进行对比，数据记录在表 5.4 中，获得磁珠可选性与粒度之间的关系。

表 5.3　磁性物含量实验记录

试样编号	原矿(g)	磁性产物(g)	非磁性产物(g)	磁性产物产率 γ（%）	磁场强度(Oe)
1					
2					
3					
4					
5					

表 5.4　0.3 T 下磁性物含量实验记录

粒度大小	原矿(g)	磁性产物(g)	非磁性产物(g)	磁性产物产率 γ(%)
1	−60+100			
2	−100+200			
3	−200			

6. 漂珠及残炭的浮选分离

(1) 实验目的

① 利用浮沉条件分选粉煤灰中的漂珠。

② 通过浮选法获得粉煤灰中残炭的含量。

③ 确定漂珠和残炭的可选性指标。

(2) 漂珠分选方法

① 漂珠是一种能浮于水面的粉煤灰空心球,呈灰白色,壁薄中空,质量很轻,容重为 720 kg/m³(重质),418.8 kg/m³(轻质),粒径约为 0.1 mm,表面封闭而光滑,热导率小,耐火度≥1610 ℃,是优良的保温耐火材料,广泛用于轻质浇注料的生产和石油钻井方面。漂珠的化学成分以二氧化硅和三氧化二铝为主,具有颗粒细、中空、质轻、高强度、耐磨、耐高温、保温绝缘、绝缘阻燃等多种特性,是广泛应用于耐火行业的原料之一。

② 漂珠的分选通过浮沉条件实现,本实验中与残炭浮选在浮选机中一体进行。即以水为分选介质,在浮选过程中,未加入浮选药剂前,进行充分搅拌,充气、静止后利用刮板将漂浮物刮出,再经烘干等处理获得漂珠。

(3) 粉煤灰浮选的可比性浮选实验条件

① 水质:蒸馏水或离子交换水,也可使用自来水。

② 矿浆温度:(20±10) ℃。

③ 矿浆浓度:(100±1) g/L。

④ 捕收剂及其单位消耗量:正十二烷,(1000±1) g/t 干粉煤灰。

⑤ 起泡剂及其单位消耗量:甲基异丁基甲醇(MIBC),(100±1) g/t 干粉煤灰。

⑥ 浮选机叶轮转速:1800 r/min。

⑦ 浮选机叶轮直径:60 mm。

⑧ 浮选机单位充气量:0.25 m³/(m²·min)。

(4) 实验步骤

① 向浮选槽加水至第二标线,开动并调试浮选机使叶轮转速、单位充气量达到规定值,停机,关闭进气阀门,放完浮选槽内的水。

② 向浮选槽加水至第一标线,向槽内加入称量好的样品 90 g(粉煤灰样品 45 g

＋煤样 45 g,准确到 0.1 g),开动浮选机,搅拌至煤样全部润湿后,再加水使煤浆液面达到第二标线。

③ 搅拌 2 min 后向煤浆液面下加入捕收剂 192 μL。1 min 后再向煤浆液面下加入起泡剂 27 μL。

④ 搅拌 10 s 后,打开进气阀门,同时开始刮泡(人工刮泡或机械刮泡),应随着泡沫层厚度的变化全槽宽收取精矿泡沫(切勿刮出矿浆)至专门容器内,控制补水速度,使在整个刮泡期间保持矿浆液面恒定。刮泡后期应用洗瓶将浮选槽壁的颗粒冲洗至矿浆中。

⑤ 刮泡至 3 min 后,停止刮泡,并关闭进气阀门及搅拌电机,把尾矿放至专门容器内,沉积在浮选槽下部的颗粒要清洗至尾矿容器中。粘在刮板及浮选槽唇边、槽壁的颗粒应收至漂浮物容器中。向浮选槽加入清水,并开动浮选机搅拌清洗直至浮选槽干净为止,清洗液体要移至尾矿容器中。

⑥ 向尾矿容器中加絮凝剂 10 mL,边加边搅拌,几秒之后,看溶液有絮凝状态即停止搅拌,静置。再用橡胶管,利用虹吸原理移除上清液。

⑦ 将各产物分别脱水后置于 105 ℃的恒温干燥箱中进行干燥,冷却至空气干燥状态后分别称量,记录并估算质量损失。

⑧ 实验原始记录如表 5.5 所示。

(5) 实验结果整理

① 将所得实验结果分别记录于表 5.5 中,以残炭和尾灰质量之和作为 100%,分别计算其产率。

② 实验允许差值。

③ 实验精确度要求:质量损失不得超过 10%;两次平行实验的残炭产率允许误差应小于或等于 5%。

④ 实验煤样和药剂量的计算

(a) 实验灰样的质量按式(5.2)计算:

$$W = \frac{1.5 \times c}{100 - M_{ad}} \times 100 \tag{5.2}$$

式中,W 为实验灰样质量,单位为 g;c 为矿浆浓度,单位为 g/L;M_{ad} 为实验煤样空气干燥基水分,用 % 表示。

(b) 加入药剂的体积按式(5.3)计算:

$$V = \frac{W \times q}{d \times 10^6} \tag{5.3}$$

式中,V 为加入药剂的体积,单位为 mL;q 为药剂单位消耗量,单位为 g/t;d 为药剂密度,单位为 g/cm³。

表 5.5　单元浮选实验原始记录表

样品名称：＿＿＿＿＿＿＿　　　　样品粒度：＿＿＿＿＿＿＿ mm
浮选机容积：＿＿＿＿＿＿＿ L　　实验日期：＿＿＿＿＿＿＿
矿浆预搅拌时间：＿＿＿＿＿＿＿ min　矿浆与捕收剂接触时间：＿＿＿＿＿＿＿ min

序号	漂珠		残炭		沉珠		备注
	质量 ω(g)	产率 γ(%)	质量 ω(g)	产率 γ(%)	质量 ω(g)	产率 γ(%)	
1							
2							
3							
平均值							

7. 数据处理及实验报告

(1) 实验报告要求

粉煤灰综合分选实验报告应包含以下部分：

① 综合分选实验包括的主要环节和简要的实验过程。

② 实验结果：各部分实验数据用表格列出，同时对实验结果进行分析。

③ 误差分析。

(2) 粉煤灰按照有用组分分类及其含量

单元浮选实验原始记录如表 5.6 所示。

表 5.6　单元浮选实验原始记录表

样品名称：＿＿＿＿＿＿＿　　　　样品粒度：＿＿＿＿＿＿＿ mm
浮选机容积：＿＿＿＿＿＿＿ L　　实验日期：＿＿＿＿＿＿＿
矿浆预搅拌时间：＿＿＿＿＿＿＿ min　矿浆与捕收剂接触时间：＿＿＿＿＿＿＿ min

序号	漂珠		磁珠		残炭		沉珠		实验损失	
	质量 ω(g)	产率 γ(%)	质量 ω(g)	产率 γ(%)	质量 ω(g)	产率 γ(%)	质量 ω(g)	产率 γ(%)	质量 ω(g)	产率 γ(%)
1										
2										
3										
平均值										

(3) 思考题

① 对于粉煤灰的工业分选，你选择怎样的工艺流程、怎样的设备？请画出工艺流程图或简要的设备流程图。

② 浮选与哪些因素有关?

③ 从浮选操作注意事项方面简述实验后的收获和体会。

5.1.4 粉煤灰资源化利用实验:磁性吸附剂磷吸附实验

1. 研究背景与原理

(1) 粉煤灰磁珠除磷背景

氮、磷等元素的含量超标是造成水体富营养化的主要原因。研究表明,藻类等水生植物对氮、磷的需求比例符合经验公式 $C_{106}H_{263}O_{110}N_{16}P$,即氮、磷摩尔比为 16∶1。依据 Leibig 最小化法则(Leibig law of the minimum)可知,磷含量对水体富营养化的影响更敏感,在治理水体富营养化方面,除磷比脱氮见效更快。现有的污水除磷方法包括化学沉淀、生物转换及电解法等,这些方法虽具有一定的除磷效果,但仍存在除磷效果不稳定、污泥产生量大、适用性不广等不足。在此背景下,吸附法成为颇具潜力的除磷方法。现有磷吸附剂包括有机高分子类和无机金属氧化物及其盐类。近年来,新型无机磷吸附剂以比表面积大、吸附速度快、性能与结构稳定等特点成为研究热点。由于吸附法除磷要求吸附剂具有较大的比表面积并能较好地悬浮在水体中,因此磷吸附剂一般采用微细颗粒,由此造成吸附剂固液分离困难,此难题成为制约吸附法广泛应用的瓶颈之一。近年来,一些研究者将磁分离技术引入污水处理中,以期利用磁场力促进吸附剂的固液分离。这些研究多以化学合成的纳米 Fe_3O_4 作为磁核,由于纳米 Fe_3O_4 合成工艺较复杂、生产成本和保存条件要求高且易造成二次污染,在一定程度上限制了磁性磷吸附剂的广泛应用,因此寻找清洁廉价的磁核材料非常必要。粉煤灰磁珠来源于工业固体废弃物粉煤灰,来源广泛,价格低廉,由于其具有孔隙丰富、磁性强等特点,因而在重介质选煤、污水处理以及磁性复合材料制备等领域具有应用潜力。

在充分研究粉煤灰磁珠的理化性质及其吸附特性的基础上,可将磁珠进行进一步的精选加工,并通过物理化学改性,制备磁性磷吸附剂。这样,不仅利用了改性粉煤灰磁珠强有效的吸附性能,更是凭借磁珠自身铁磁性这一优势,可在外加磁场的作用下,实现高效的固液分离。考虑到粉煤灰的固体废弃物属性,改性磁珠磷吸附剂属于以废制废,具备除磷成本低、吸附容量高、不会对水体造成二次污染等诸多优势,从而为含磷污水处理提供了绿色高效新方法。

(2) 粉煤灰磁珠酸改性原理

粉煤灰磁珠对含磷废水的吸附作用主要分为两类:物理吸附和化学吸附。物理吸附是指磁珠与吸附质(污染物分子)之间由于分子间范德华力作用而产生的吸附,这一吸附特性是由磁珠的孔洞和比表面积决定的;化学吸附与颗粒表面的化学基团有关,通过化学作用与含磷离子 PO_4^{3-}、HPO_4^{2-}、$H_2PO_4^-$ 等发生化学反应,从而达到消除磷的目的。

粉煤灰磁珠的改性方法有多种,如酸碱改性、金属盐类、季铵盐类表面活性剂以及超声、微波改性等,其中最成熟的是酸碱改性。在酸性条件下,磁珠中部分溶于酸的金属阳离子如 Fe^{3+}、Fe^{2+} 和 Al^{3+} 等会被浸出,对强酸不稳定的 Al—O 断裂,使得比较光滑致密的磁珠表面孔洞增多。由于磁珠颗粒的比表面积增大,孔容积增加,有利于含磷离子的物理吸附。

本实验中采用的磁珠是含铁量高的强磁性磁珠,其主要成分是磁铁矿、赤铁矿等含铁氧化物,经酸处理后的磁珠表面裸露大量铁离子及 Fe—O 键。这些化学基团对含磷离子 PO_4^{3-}、HPO_4^{2-}、$H_2PO_4^-$ 等具有极强的化学吸附能力,因此酸处理磁珠可制备优良的磁性磷吸附剂。

(3) 实验的总体设计

① 通过酸处理粉煤灰磁珠制备磁性吸附剂。
② 磁性吸附剂的结构与性能表征。
③ 磷标准吸附曲线绘制。
④ 磷吸附性能研究。

2. 实验材料

(1) 原料及化学试剂

粒度为 $-100+200$ 目和 -200 目的强磁性粉煤灰磁珠各 200 g,浓硫酸,浓盐酸,氢氧化钠,磷酸二氢钾,硫酸钾,酒石酸锑钾,钼酸铵,抗坏血酸,去离子水。以上化学试剂均为化学纯等级。

(2) 玻璃器皿与实验设备

1000 mL 容量瓶 2 个,250 mL 容量瓶 10 个,体积为 100 mL,250 mL 的大、小烧杯各 10 个,50 mL 具塞刻度管 20 个,500 mL 锥形瓶 10 个,六联动电动搅拌机 1 台,检验分析筛,超声波清洗仪,真空烘箱。

(3) 分析仪器

精度为 0.001 g 的电子天平,紫外-可见分光光度计,振动样品强磁计(VSM),扫描电子显微镜(SEM),比表面积(BET)分析仪,X 射线衍射分析仪(XRD),酸度计。

3. 磁性吸附剂的制备

分别配制 2 mol/L 硫酸和 2 mol/L 盐酸各 50 mL,置于 5 只编号分别为 1~5 的 100 mL 小烧杯中,磁珠质量与酸溶液的体积比为 1∶5,如表 5.7 所示。将粉煤灰磁珠置于上述溶液中,利用电动搅拌器搅拌,转速为 200 r/min。反应 8 h 后,用去离子水润洗至中性,在真空烘箱 105 ℃下烘干,称重并保存备用。

表 5.7　混酸改性实验的酸溶液比例(体积比)

磁珠种类	−100＋200 目强磁珠			−200 目强磁珠		
酸种类	盐酸	硫酸	盐酸∶硫酸	盐酸	硫酸	盐酸∶硫酸
体积比例	1	1	1∶1	1	1	1∶1

4. 磁性吸附剂的结构与性能表征

(1) 依据电子天平的称量结果,估算酸处理后磁珠的质量损失。

(2) 采用 X 射线衍射分析仪分析样品的晶体结构,并通过 Jade 软件与标准 PDF 卡片进行对比,确定样品特征衍射峰。采用扫描电子显微镜和能谱仪(EDS),观察样品的形貌并进行能谱分析。利用美 BET 表面分析仪,通过氮气吸附检测样品的比表面积和孔径分布。使用振动样品磁强计测量样品的磁性。

(3) 依据磁性吸附剂的扫描电镜照片、EDS 元素含量结果及 BET 结果分析强酸处理对磁珠比表面积的影响规律,记录在表 5.8 中。

(4) 根据磁珠的质量损失率、VSM 检测结果分析酸处理对磁珠矿物组成及结构的影响,记录在表 5.8 中。

表 5.8　酸处理磁珠的吸附实验结果

磁珠种类	−100＋200 目强磁珠			−200 目强磁珠		
酸种类	盐酸	硫酸	盐酸∶硫酸	盐酸	硫酸	盐酸∶硫酸
体积比例	1	1	1∶1	1	1	1∶1
质量损失(%)						
比表面积 (m^2/g)						
比饱和磁化强度(emu/g)						

5. 磷标准吸附曲线

(1) 实验试剂的配制

根据 GB 11893—1989《水质中总磷的测定——钼酸铵分光光度法检测原理》,配制实验所需溶液如下:

① 称取 5 g 过硫酸钾溶于 100 mL 水中,配制成过硫酸钾溶液。

② 取 150 mL 密度为 1.84 g/cm³ 的浓硫酸,在玻璃棒不断搅拌的情况下沿着烧杯壁缓慢加入到 150 mL 水中,配制成 1＋1 硫酸溶液。

③ 称取 10 g 抗坏血酸,溶于盛有 100 mL 去离子水的棕色玻璃瓶中,配制成抗坏血酸溶液。此溶液现用现配,若变黄则弃去重配抗坏血酸溶液。

④ 称取 13 g 钼酸铵$[(NH_4)_6Mo_7O_{24} \cdot 4H_2O]$溶解于 100 mL 水中,同时溶解 0.35 g 酒石酸锑钾$[KSbC_4H_4O_7 \cdot 1/2H_2O]$于 100 mL 水中。将 100 mL 钼酸铵溶液缓缓加入到 300 mL 1+1(即 1 体积酸溶于 1 体积水中)硫酸中,搅拌均匀后向其中加入 100 mL 酒石酸锑钾溶液混合均匀。此溶液在棕色瓶中 4 ℃下可稳定保存两个月。

⑤ 将 KH_2PO_4 置于 110 ℃烘干箱中,烘干 2 h。称取(0.2197 ± 0.001) g 磷酸二氢钾于 1000 mL 容量瓶中,向其中加入 800 mL 水后加入 1+1 硫酸 5 mL,定容至标线,配制成标准磷酸盐溶液。此溶液可在室温下保存至少一个月。

(2) 磷的标准曲线测定步骤

取贮存在 1000 mL 容量瓶中的 KH_2PO_4 溶液 10 mL 于 250 mL 容量瓶中,此时溶液浓度为 2 $\mu g/mL$。取 7 支 50 mL 的具塞刻度管编号 1~7,分别向刻度管中加入配制好的磷酸盐溶液 0 mL,0.5 mL,1 mL,3 mL,5 mL,10 mL 和 15 mL,加水定容至 50 mL。结合钼锑抗分光光度法显色原理,采用钼锑抗分光光度法测定磷的标准曲线时,由于标准溶液和模拟含磷废水均为正磷酸盐,实验过程中不需消解。

向刻度管中加入 1 mL 抗坏血酸溶液,30 s 后加入 2 mL 钼酸盐溶液充分混匀后于 700 nm 处检测吸光度,实验结果如表 5.9 所示。

表 5.9　磷的标准曲线测定值

标准液(mL)	磷的质量(μg)	吸光度	浓度(mg/L)
0			
0.5			
1			
3			
5			
10			
15			

由表 5.9 数据可绘制 700 nm 处标准吸收曲线图,并依图计算出线性指数 R^2,R^2 精确度超过 2 个 9 时,该磷标准吸附曲线可用。

6. 酸改性粉煤灰磁珠的磷吸附性能

实验步骤如下:

(1) 称取制备好的磁性改性剂 0.5 g,分别放入相应编号的 500 mL 锥形瓶内,每个锥形瓶放入 250 mL 浓度为 20 mg/L 的模拟含磷废水,以 200 r/min 的转速电动搅拌 90 min 后取出。

（2）取上清液 5 mL,采用钼锑抗分光光度法检测吸光度,稀释至适当浓度后,与标准磷吸附曲线对比,得出磷吸附率。

（3）利用 Origin 软件绘制磷吸附曲线(吸附率/时间曲线)。

（4）用式(5.4)和式(5.5)计算磷去除率:

$$C(PO_4^{3-}, mg/L) = m_x/V \tag{5.4}$$

式中,m_x 是由校准曲线查得的磷含量,单位为 μg;V 是水样体积,单位为 mL。

$$r = \frac{C - C_0}{C}\% \tag{5.5}$$

式中,C_0 为磷的初始浓度,单位为 mg/L;C 为磷处理后的浓度,单位为 mg/L。实验结果如表 5.10 所示。

表 5.10　酸处理磁珠的吸附实验结果

磁珠种类	－100＋200 目强磁珠			－200 目强磁珠		
酸种类	盐酸	硫酸	盐酸：硫酸	盐酸	硫酸	盐酸：硫酸
体积比例	1	1	1：1	1	1	1：1
质量损失(%)						
磷去除率(%)						
比吸附量 (mg/g)						

7. 实验结果分析

（1）对比几种酸处理工艺,哪种工艺制备的磁性吸附剂磷吸附效果最好? 从材料结构和吸附机理上分析,为什么?

（2）采用最佳的磁性吸附剂研究吸附剂添加量与磷去除率之间的关系,记录在表 5.11 中,并做出理论分析。

表 5.11　吸附剂添加量与磷去除率的关系表

吸附剂添加量(%)	磷去除率(mg)	吸附饱和时间(min)	比饱和吸附量(mg)
0.05			
0.1			
0.2			
0.5			

（3）采用最佳的磁性吸附剂,药剂添加量为 0.2%,研究含磷废水的 pH 与磷去除率之间的关系,记录在表 5.12 中,并做出理论分析。

表 5.12　含磷废水的 pH 与磷去除率的关系表

含磷废水的 pH	磷去除率(mg)	吸附饱和时间(min)	比饱和吸附量(mg)
3			
4			
5			
6			
7			
8			
9			
10			

（4）磷吸附动力学研究（选做）

① 吸附动力学模拟原理

用于研究离子描述液-固吸附过程的动力学模型包括准一级与准二级动力学模型,其数学表达式为

准一级动力学模型：

$$\ln (Q_e - Q_t) = \ln Q_e - K_1 \tag{5.6}$$

准二级动力学模型：

$$t/Q_t = 1/(K_2 Q_e^2) + t/Q_e \tag{5.7}$$

式中,Q_e 与 Q_t 分别为吸附平衡时和吸附 t 时的比吸附量,单位为 mg/g;t 为吸附时间,单位为 min;K_1 与 K_2 为吸附速率常数,单位为 g/(mg·min)。利用这两种动力学模型对磁性吸附剂的除磷过程进行拟合并作图。从图中可计算出准一级方程和准二级方程的拟合相关系数 R^2。R^2 越接近于 1,说明该方程在磷吸附过程中居于主导地位。符合准一级方程吸附反应一般以物理吸附为主,符合准二级方程吸附反应一般以化学吸附为主。

② 以吸附性能最佳的磁性磷吸附剂为研究对象,依据磷吸附实验结果填充表5.13。

表 5.13　磷吸附剂的比吸附量与吸附时间

吸附时间(min)	5	10	20	30	45	60	75	90
比吸附量(mg/g)								

③ 计算得 K_1 与 K_2,并依据表 5.12 中的数据,做出准一级与准二级动力学模型的拟合图线,对比 R^2,揭示磁珠磷吸附剂的磷吸附动力学模型。

5.1.5　其他粉煤灰资源化实验

如前所述,粉煤灰既是一种大宗的工业固体废弃物,也是一种大宗的无机资源。粉煤灰经过精细分选后,其中包含的各种有用组分得到纯化,更有利于其进行加工和高值资源化利用。限于本书篇幅限制,以下仅列出几种较成熟的资源化方法,供读者实验参考:

(1) 利用粉煤灰制备无机高分子絮凝剂。

(2) 利用粉煤灰制备人工沸石。

(3) 利用粉煤灰超细微粉制备高性能粉煤灰水泥。

(4) 利用粉煤灰制备高强轻质陶粒。

(5) 利用粉煤灰磁珠制备复合磁性吸附剂。

5.2　煤矸石的预处理及资源化利用实验

5.2.1　煤矸石综合利用概述

根据官方统计,我国累积堆存的煤矸石有 45 亿 t,且每年新产的煤矸石有 3.0 亿～3.5 亿 t,而综合回收的速度低于 20%。煤矸石的大量堆积,不仅会威胁到环境和人们的健康,最终也会成为经济发展的约束。就目前而言,煤矸石已经造成了以下危害:侵占农耕用地、林业用地、居民住地;铬、铅、汞等有害的重金属离子对水源造成污染;产生灰尘、CO、SO_2、H_2S、NO_x 等。

在煤矿开采和洗煤厂作业中,会产生大量煤矸石,我国煤开采的煤矸石产率在 5%～10%的范围内,洗煤厂洗原煤的矸石产率为 18%～20%,大量煤矸石的产生对环境造成了很大的危害,因此,这就需要做好对煤矸石的治理,同时煤矸石也是一种可利用的资源,其在很多行业都可以得到进一步的使用。

就目前而言,煤矸石的资源化利用经常被用于工程回填材料、煤矸石发电、生产建筑材料等。但是,这些关于煤矸石的资源化利用是粗放的、低价值的,还有可能产生二次废弃物,例如在煤矸石发电的过程中,会再次产生大量的粉煤灰等物质。

就煤矸石的矿物组成而言,主要有石英、高岭石、伊利石、长石、菱镁矿、菱铁矿、黄铁矿、铝土矿等;就其化学组成而言,主要有 SiO_2 和 Al_2O_3。此外,还含有少量的碱金属氧化物、碱土金属氧化物。不论是其矿物组成,还是化学组成,煤矸石的主要物质也都是各种无机非金属材料的主要成分,因此,煤矸石综合利用有很好的前景。

除此之外,由于煤矸石中主要是氧化铝(20%~40%)、氧化硅(40%~80%),因此,也有很多学者通过各种方法,对煤矸石进行了提质利用,提取出来的氧化铝、氧化硅可以作为其他各种材料的原料使用。

5.2.2 煤矸石预处理

1. 实验目的

(1) 掌握破碎、筛分相关设备的运行机理。
(2) 探究通过不同破碎工艺破碎、振动筛筛分后原料粒径的分布。
(3) 会对相关破碎、筛分工艺进行设计。
(4) 掌握煤矸石煅烧前后的成分及其比例。

2. 实验原理

(1) 煤矸石的预处理

煤矸石的预处理包括煤矸石的洗选、破碎、筛分等,主要目的是去除煤矸石中的杂质,使煤矸石细化,最终实现煤矸石的资源化利用。

洗选:煤矸石来源主要有 3 个方面:岩石巷道掘进产生、采煤过程中产生和洗选过程中产生。煤矸石来源不同,成分也不尽相同,例如,采煤过程中产生的煤矸石和煤炭中产生的煤矸石,往往含有一些炭成分较高的矸石。通过挑选,可以尽可能地去除这些含有炭比较多的煤矸石。

洗矸石是经过洗选挑出来的矸石,表面杂质较少。但是,原矿石和开采过程中产生的煤矸石表面含有很多杂质,这种杂质不仅仅局限于煤粉等,还可能含有树枝等。经过露天堆积过的煤矸石会含有更多常见的杂质,如塑料袋等。通过洗选,可以去除不必要的杂质。

破碎:破碎就是通过各种破碎设备对样品进行颗粒的细化。在破碎过程中,对于设备的选取是关键的,不同的破碎设备适用的入料粒径不同。颚式破碎机适用性比较广泛,再加上可以调节一定的出料粒度,所以一般的破碎第一步通常使用颚式破碎机,同时,可以根据破碎工艺的需求进行二次或多次颚式破碎机破碎。颚式破碎机破碎过的样品,还需要通过其他破碎设备进行破碎,如对辊式破碎机、盘磨机等。在本次实验中,破碎方案为依次用颚式破碎机、盘磨机进行破碎,经过破碎后的粒度基本都在 $100~\mu m$ 以下。

筛分:不同的原料粒径在生产使用中都会对产品的性能产生较大的影响,在化学物质提取中会有很明显的体现。通过筛分,可以划分不同粒径范围的原料,方便后期的使用。对于粒径不符合使用要求的原料,可以通过再次破碎对原料进行细化。这样破碎—筛分—再破碎的过程,不仅极大程度地提高了生产效率,还可以有效防止材料过于破碎,降低能耗。在这一步骤中,用到的筛分设备主要有振动筛分实验机和筛子(80 目,120 目,200 目,325 目)。

(2) XRD 物相分析

X 射线物相分析法是根据晶体对 X 射线所产生的衍射线的位置、数量、强度等,来鉴别结晶物体的物相的方法。

每一种晶体的化学组成、晶体结构都有各自的特点。不存在两种物质的质点种类、晶胞大小及晶胞排列等是完全一致的。因此,当晶体被 X 射线照射后,产生的衍射与晶体物质是一一对应的关系。利用这一特性,即可通过测试之后的衍射图与标准卡片对比,得到所测试样品的组成。

$$2d\sin\theta = n$$

此式的物理意义为:只有 d,θ,n 同时满足上述方程时,X 射线才会在晶体内产生衍射。

3. 实验原料及仪器设备

煤矸石预处理相关实验设备及相关测试仪器如表 5.14 所示。

表 5.14　煤矸石预处理相关实验设备及相关测试仪器

仪器名称	仪器型号	生产厂家
筛子	80 目,120 目,200 目,325 目	
电子天平	FA1204N	上海民桥精密科学仪器有限公司
颚式破碎机		
盘磨机		
电阻炉	S6S-18-17	湘潭市三星仪器有限公司
岛津 X 射线衍射仪	XRD-6000	日本岛津

4. 实验步骤

(1) 煤矸石洗选

取 1~2 kg 煤矸石,先用清水冲洗干净,冲洗后,通过外观颜色、密度等物理性能进行分选,去除含炭量较高的煤矸石,以及混杂在煤矸石中的塑料、树枝等杂物,自然风干后备用。

(2) 煤矸石破碎

将颚式破碎机的出料粒径调至最小,将经过洗选、风干的煤矸石放入颚式破碎机中进行破碎。将颚式破碎机破碎后的煤矸石,经过盘磨机进一步破碎,此时得到的物料,粒径一般在 120 目以下。

(3) 煤矸石筛分

取适量的煤矸石粉,装入到套筛的最上层(平铺筛面一层为宜)。开启振动筛,经过 5 min 振动筛分后,将不同筛面上的物料分开收集、称量并做好标记。

(4) 煤矸石烧结

取 200 目筛下、325 目筛上煤矸石进行烧结实验,并做好烧结前后煤矸石质量的数据记录,计算煤矸石的灼失率。

(5) 物相分析

取煅烧前、后的煤矸石适量,用于测试 XRD,分析煅烧前、后的物质变化。测试参数设定为 $10°\sim90°,3°/\min$。

煤矸石预处理原始数据记录

破碎筛分数据记录
洗选后、破碎前煤矸石的总质量:＿＿＿＿＿＿
筛分后煤矸石的总质量:＿＿＿＿＿＿
煤矸石筛分后粒径分布情况原始数据如表 5.15 所示。

表 5.15　煤矸石筛分后粒径分布情况原始数据记录表

目数	质量
80 目筛上	
80~120	
120~325	
325 目筛下	

烧结前后数据记录
煤矸石烧结前的质量:＿＿＿＿＿＿
煤矸石烧结后的质量:＿＿＿＿＿＿

5. 数据处理与实验报告

(1) 实验报告要求

煤矸石预处理实验报告应包含以下部分:
① 煤矸石预处理实验包括的主要环节和简要的实验过程。
② 实验结果:各部分实验数据用表格列出,同时对实验结果进行分析。

③ 误差分析。

(2) 实验数据及处理

洗选后、破碎前煤矸石的总质量：＿＿＿＿＿＿

筛分后煤矸石的总质量：＿＿＿＿＿＿

煤矸石筛分后粒径分布情况如表 5.16 所示。

表 5.16　煤矸石筛分后粒径分布情况表

目数	质量	所占百分比(质量/筛分后的总质量)
80 目筛上		
80～120		
120～325		
325 目筛下		

烧结前后数据记录

煤矸石烧结前的质量：＿＿＿＿＿＿

煤矸石烧结后的质量：＿＿＿＿＿＿

煤矸石灼失率计算[(烧结前的质量－烧结后的质量)/烧结前的质量]：

＿＿＿＿＿＿

(3) 思考题

① 分析说明破碎筛分前后质量变化的大小，以及引起这一质量变化的原因。

② 通过烧结前后 XRD 的变化，分析说明烧结前后的变化及其原因。

③ 通过 XRD 分析，论证煤矸石制备陶瓷的可能性。

④ 设计一个日处理 100 t 建筑垃圾的处理工艺，具体要求如下：

进料粒度假设为 20 cm，出料粒度要求为 1 cm，用颚式破碎机进行多次破碎，使符合使用要求的物料达到 90%。相关的过程损失量按实验得到的数据进行计算。

5.2.3　煤矸石制备陶瓷材料

1. 实验目的

(1) 了解测定煤矸石的烧结温度、烧结温度范围及烧结性能的原理和方法。

(2) 掌握烧结温度和烧结范围的测定方法，根据坯体在煅烧过程中致密程度的变化情况及体积变化情况，结合生产实际制定出较好的合理的煅烧制度。

(3) 了解在不同成分、不同温度下，经过烧结后陶瓷晶型的变化。

（4）通过阿基米德法测试不同温度煤矸石烧结试样的气孔率、吸水率及体积密度,探究温度、配方与陶瓷性质的关系,确定煤矸石等无机固体废弃物的烧结温度及烧结温度范围。

2. 实验原理

(1) 原料

陶瓷原料主要包括黏土类原料、石英类原料、长石类原料、其他矿物原料（瓷石、叶蜡石、高铝质矿物、碱土硅酸盐类、碳酸盐类等）以及新型陶瓷原料（氧化物、碳化物、氮化物等）等。在本实验中,用煤矸石作为陶瓷原料,这是由于煤矸石中含有陶瓷必需的氧化铝、二氧化硅以及少量的长石。

(2) 配料

陶瓷的配料主要有两种方法:一种是已知化学计量的配料计算,另一种是根据化学成分的配料计算。

(3) 混料

陶瓷的混料主要分为湿法混料和干法混料,这主要是通过混料过程中的介质来进行区分的:如果混料介质为液体,则混料为湿法混料;如果介质为气体,则混料为干法混料。

(4) 成型

陶瓷成型时将配料做成规定尺寸和形状,并具有一定机械强度的生坯。成型方法有干压成型法、半干压成型法、可塑成型法、注浆成型法、等静压法（图5.4）等。

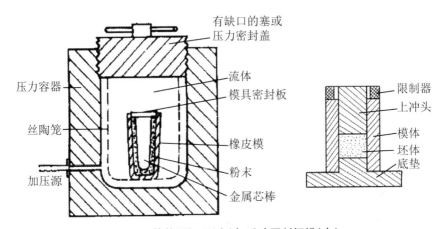

图5.4 等静压机理（左）与手动压制钢模（右）

(5) 烧结

随着温度升高,陶瓷坯体中具有比表面大、表面能较高的粉粒,力图向降低表面能的方向变化,不断进行物质迁移,晶界随之移动,气孔逐步排除,产生收缩,使坯体成为具有一定强度的致密瓷体,如图 5.5 所示,烧结的推动力为表面能。

陶瓷的烧结过程一般分为 5 个阶段:① 低温阶段(室温至 300 ℃左右);② 中温阶段(亦称分解氧化阶段,300~950 ℃);③ 高温阶段(950 ℃至烧成温度);④ 保温阶段;⑤ 冷却阶段。

物理性能测试:① 直径收缩率测试;② 采用阿基米德排水法测量试样的吸水率与气孔率。

测量方法:试样烧结后,在感量为万分之一的电子天平上称其干重,然后放入装有去离子水的烧杯中在水浴锅中沸煮 3 h,排除试样中的气体,试样表面不得有气泡。对水浴后的坯件用密度天平测量试样的湿重及浮重。将沸煮后的试样取出,置于密度天平上装有去离子水的烧杯中,测其浮重,然后取出,用湿毛巾擦干试样表面的水,并立即称量其质量,即湿重(一般不超过 2 min),按照式(5.8)和式(5.9)计算试样的气孔率与吸水率。

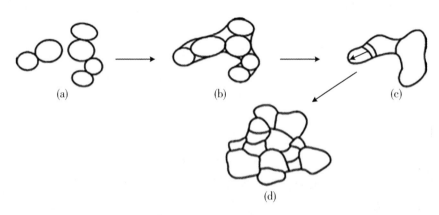

图 5.5 陶瓷烧结机理图

(a) 颗粒间松散接触;(b) 颗粒间形成颈部;(c) 晶界向小晶粒方向移动并逐渐消失,晶粒逐渐长大;(d) 颗粒互相堆积形成多晶聚合体。

显气孔率计算公式:

$$P = \frac{W_W - W_A}{W_W - W_f} \times 100\% \tag{5.8}$$

吸水率计算公式:

$$Q = \frac{W_W - W_f}{W_A} \tag{5.9}$$

式中,P 为所测试样的显气孔率,用%表示;W_W 为试样经水浴后的质量,单位为 g;

W_A 为试样水浴前在空气中的质量,单位为 g;W_f 为试样水浴后在水中的质量,单位为 g;Q 为所测试样的吸水率,用％表示。

利用阿基米德排水法测定样品的实际体积密度,并计算转换成相对密度。密度的测定方法同气孔率。按式(5.10)和式(5.11)计算样品的实际密度及理论密度。

实际体积密度计算公式:

$$\rho = \frac{W_A}{V_{排}} = \frac{W_A \rho_水}{W_W - W_f} \tag{5.10}$$

相对密度计算公式:

$$\rho_r = \frac{\rho}{\rho_0} \tag{5.11}$$

式中,ρ 为所测试样的密度,单位为 g·cm^{-3};W_A 为试样的干重,即样品在空气中的质量,单位为 g;$V_{排}$ 为试样浸入水中排开水的体积,单位为 cm^3;W_W 为试样的湿重,即样品经水浴后的质量,单位为 g;$\rho_水$ 为水的密度,单位为 g/cm^3;W_f 为试样水浴后浸入水中的质量,单位为 g;ρ_0 为试样的理论密度,单位为 g/cm^3;ρ_r 为试样的相对密度,单位为 g。

3. 实验原料及仪器设备

实验原料为经过烧结的样品,同一样品烧结的多个陶瓷片需要提前做好标记。

实验设备与器材:压片机,成型模具,高温烧结炉,电子天平(精度 0.1 mg,量程 200 g),真空干燥箱,烘箱,水浴锅,烧杯,镊子,毛巾,细铜丝网,架子等。

4. 实验步骤

(1) 聚乙烯醇(PVA)的制备

取 100 mL 去离子水放置在烧杯中,将 2 g 固体聚乙烯醇加入烧杯中。在加热的环境下机械搅拌,直至固体聚乙烯醇溶解为止(在加热搅拌过程中需要用保鲜膜封口,防止去离子水挥发)。

(2) 配料

以 20 g 煅烧后的 200 目筛下的煤矸石作为原料,添加 2％的 Na_2CO_3 作为烧结助剂,然后混合均匀。在混合均匀的物料中加入 5％配制好的 PVA,并混合均匀。

(3) 成型

取一定质量配料后的物料(约 1.5 g),放入模具中。用压片机以 5 MPa 的压力压制 3 min。然后将模具倒置、退模,取出压制好的样品。如此反复压制 12 个样品(烧结 4 个温度点,每个温度点烧结 3 个样片)。

(4) 烧结

烧结通过控制各个影响因素,从而控制样品在固相反应过程中晶体的形成与生长,主要影响因素有升温速率、保温时间等。在本次烧结中,设置 1100 ℃,1150 ℃,1200 ℃,1250 ℃ 4 个最高烧结温度,每个最高烧结温度保温 4 h。除此之外,在 500 ℃设置保温 30 min,用于 PVA 的烧失。在升温速率上,0~500 ℃以 5 ℃/min 升温,500~1000 ℃以 5 ℃/min 升温,1000 ℃最高温以3 ℃/min升温。

(5) 线性收缩率测试

对不同温度的样品进行数字(1~3)标记,并测试每个样品烧结后的直径,测试时,每个样品测试 3 个不同位置的直径,取平均值作为最终烧结后的直径。样品烧结前的直径用模具内径代替。

(6) 气孔率测试

用阿基米德法随样品进行测试、计算,最终得到样品的显气孔率和体积密度。测试时,先测试烧结后样品的干重;样品经过 100 ℃去离子水煮沸 20 min 后,转移到真空干燥箱中抽真空 20 min,进一步排除陶瓷样品中的显气孔,待到室温后,用含水量饱和的毛巾去除陶瓷表面的水分,然后测试样品的湿重;将样品放置在浸没在水中的铜丝网上(样品也需被水浸没),测试样品的悬重。

(7) 物相分析

用 XRD 衍射分析仪测试,分析煅烧后的物质成分,测试参数设定为 10°~90°,3°/min。

煤矸石陶瓷原始数据记录

陶瓷样品烧结前的直径(模具内径):_____
陶瓷样品烧结后的直径数据如表 5.17 所示。

表 5.17　陶瓷样品烧结后的直径

烧成温度	编号	直径
	1	
	2	
	3	
	4	
	1	
	2	
	3	
	4	

烧成温度	编号	直径
	1	
	2	
	3	
	4	
	1	
	2	
	3	
	4	

陶瓷样品烧结后的质量数据如表 5.18 所示。

表 5.18　陶瓷样品烧结后的质量

温度	编号	干重	湿重	悬重
	1			
	2			
	3			
	4			
	1			
	2			
	3			
	4			
	1			
	2			
	3			
	4			
	1			
	2			
	3			
	4			

5. 数据处理与实验报告

(1) 实验报告要求

煤矸石陶瓷实验报告应包含以下内容：

① 掌握陶瓷配料、制样、烧结等步骤的方法、原理。

② 了解陶瓷添加剂的种类、作用等。

③ 掌握陶瓷样品物理性能的测试方法与测试机理。

④ 掌握陶瓷各项性能的分析及形成机理。

(2) 实验数据及处理

陶瓷样品烧结前的直径(模具内径)：＿＿＿＿＿＿＿＿

陶瓷样品烧结后的直径数据如表 5.19 所示。

表 5.19　陶瓷样品烧结后的直径

温度	编号	直径	直径收缩率	平均值
	1			
	2			
	3			
	4			
	1			
	2			
	3			
	4			
	1			
	2			
	3			
	4			
	1			
	2			
	3			
	4			

陶瓷样品显气孔率与体积密度数据如表 5.20 所示。

表 5.20 陶瓷样品显气孔率与体积密度

温度	编号	干重	湿重	悬重	显气孔率	显气孔率平均值	吸水率	吸水率平均值	体积密度	体积密度平均值	相对密度	相对密度平均值
	1											
	2											
	3											
	1											
	2											
	3											
	1											
	2											
	3											

注：① 将 XRD 放在一张图上，结合 XRD 与烧结机制，试分析出现与煤矸石 XRD 不同物质的过程机理。
② 做温度－直径收缩率，温度－显气孔率，温度－体积密度的曲线图，分析说明变化趋势及相关原因。

(3) 思考题

① 混料过程中加入少量碳酸钠,碳酸钠在其中起到什么作用?

② 煮沸和抽真空都可以使去离子水填充到显气孔中,其中的机理是什么?

③ 添加剂有哪些种类? 说明其作用。

5.3　建筑混凝土废弃物的资源化

5.3.1　实验目的

(1) 通过不同的配比制成不同的混凝土块。

(2) 研究不同配比的再生混凝土的强度。

(3) 研究利用废旧混凝土当粗骨料来制作再生混凝土的最佳配比。

5.3.2　实验原理

在建筑垃圾的拆除及建造过程中,会产生各种类型的固体废弃垃圾,它们的具体组成虽有所差别,但其基本成分一致,主要由土、渣土、散落的砂浆和混凝土、剔凿产生的砖石和混凝土碎块、打桩截下的钢筋混凝土桩头、金属、竹木材、装饰装修产生的废料、各种包装材料和其他废弃物等组成。如果原混凝土的强度较高,则其中的骨料和水泥砂浆块可以同时破碎作为再生骨料。再生骨料替代率控制在30%以下,则混凝土的性能没有明显降低。相关生产研究表明,用这种材料作为道路"基层"完全可以满足道路承载能力的需求,因此,废弃混凝土的再生利用在道路施工方面具有很大的潜力。如何提高再生骨料混凝土的性能,还有待进一步研究。

5.3.3　实验材料及设备

(1) 材料:废弃混凝土块,水泥,自来水,洁净的粗砂、中砂,石砾等。

(2) 设备:颚式破碎机(粗碎、细碎),筛选机,模具(100 mm×100 mm×100 mm),秤与天平,量筒,搅拌棍,磁选设备等。

5.3.4　实验步骤

(1) 称量表 5.21 所要求的废旧混凝土块,取出塑料、木材等杂质,按照 3 组要求的质量分别放入粗碎破碎机进行粗碎,将破碎后的土块进行收集,并筛选混凝土块粒径大于 100 mm 的土块。将筛选的大粒径混凝土块放入细碎破碎机,最终破碎为粒径≤37.5 mm 的混凝土块。

表 5.21　实验安排表

样本编号	各组分用量(kg)						
	水泥	砂	石子	废旧混凝土	水	附加水	减水剂
H_1							
H_2							
H_3							
H_4							
H_5							

(2) 对所有混凝土块及粗骨料进行磁选,并称量。

(3) 分别取 3 组所需的水泥、砂、石砾、混凝土块,用量筒量取定量的自来水,搅拌至均匀,注入 3 个模具(100 mm×100 mm×100 mm)内,24 h 后成型取出进行养护。

(4) 养护:

① 应在浇筑完毕后的 12 h 内对砌体加以覆盖并保湿养护。

② 砌体浇水养护的时间:7 d。

③ 浇水次数应能保持混凝土处于湿润状态;砌体养护用水应与拌制用水相同。

④ 采用塑料布覆盖养护的砌体,其敞露的全部表面应覆盖严密,并应保持塑料布内有凝结水。

⑤ 砌体强度达到 1.2 N/mm² 前,不得在其上踩踏或安装模板及支架。

注:① 当日平均气温低于 5 ℃时,不得浇水;② 采用其他品种水泥时,砌体的养护时间应根据所采用水泥的技术性能确定;③ 砌体表面不便浇水或使用塑料布时,宜涂刷养护剂。

(5) 分别对 3 组实验混凝土块进行强度等特性检验:

抗压强度测试:

① 计算试件的受压面积 $A(\text{mm}^2)$。

② 将试件安放在压力机的下泵压板上均匀加荷(以 3 个试件为 1 组),因低于 C30,所以加荷速度为 0.3~0.5 MPa/s。

③ 计算试件的抗压强度:

$$f_{cc} = P/A$$

以上试件的算术平均值作为改组试件的抗压强度值。

④ 矫正:3 个测定值中的最大值或最小值,如有一个值超过中间值的 15% 左右,则把最大值和最小值舍去,取中间值作为抗压强度值;如果两个测定值与中间值的差值均超过中间值的 15%,则此组实验无效。

⑤ 针对实验,并根据实验结果制定细分的后续实验。

5.3.5　实验数据记录

1. 混凝土块制作

制作日期:_____年___月___日;

养护日期:_____年___月___日至_____年___月___日。

2. 强度检验

实验日期:_____年___月___日。

实验器材型号:_____;

强度等级:___;试件龄期:___天;

修正系数:___;荷载速度:___kN/s。

抗压强度检测数据如表 5.22 所示。

表 5.22　抗压强度检测数据记录表

编号	荷载峰值(kN)	强度峰值(MPa)
H_1		
H_2		
H_3		
H_4		
H_5		

绘制废弃骨料所占比例分别与荷载峰值和强度峰值的关系图,对实验结果进行分析。

5.3.6　思考题

(1) 建筑废弃物分为哪几类? 如何分别实现资源化?

(2) 简述废弃混凝土在再生混凝土应用领域的再生过程。

5.4 稻壳制备白炭黑实验

5.4.1 实验目的

(1) 掌握稻壳资源化的工艺方法。

(2) 了解稻壳在各个处理步骤后的成分变化及含量情况。

(3) 掌握 SEM 的测试机理及反西方法。

(4) 掌握热解时,热解温度与时间对白炭黑含量、微观形貌的影响。

(5) 自学非氧化热解的方法与作用。

5.4.2 实验原理

稻壳主要成分为 SiO_2(俗称白炭黑)、可燃物以及微量杂质。通过淘洗去除杂物、低浓度的酸液(硝酸、盐酸或者硫酸皆可),浸泡去除铁离子等微量杂质,并通过在温度高于 500 ℃ 的条件下,使得稻壳中的可燃物等燃烧、挥发,最后燃烧后的残留物的主要成分即为白炭黑。为了保障稻壳中的可燃物充分燃烧与挥发,热解过程中必须保障充足的氧气及热解时间,因此实验中的稻壳热解保温时间为 5~7 h。

5.4.3 仪器设备及材料

实验原料主要为稻壳;试剂主要有去离子水,体积分数为 5%~10% 的硝酸溶液等。在实验过程中使用的主要原料及试剂如表 5.23 所示。

表 5.23 实验所需原料及试剂

试剂/原料名称	级别
稻壳	—
去离子水	—
硝酸	体积分数为 10%

实验所需仪器和设备如表 5.24 所示。

表 5.24　实验所需仪器和设备

仪器名称及型号	生产厂商
HH-4 数显恒温水浴锅	江苏省金坛市仪器制造有限公司
78HW-1 型恒温磁力搅拌器	江苏省金坛市仪器制造有限公司
DGX-9423BC-1 型电热鼓风干燥箱	上海福玛实验设备有限公司
BSA224S-CW 型电子天平	赛多利斯科学仪器(北京)有限公司
SX2 系列箱式电阻炉	—

5.4.4　实验过程及步骤

将采集得到的稻壳人工拣选,去除粗大的泥块、秸秆等杂物;通过自来水多次洗涤,充分去除杂质,然后将稻壳浸没在体积分数为 5%～10% 的硝酸溶液中,并在恒温水浴锅中浸煮 30～60 min;多次洗涤,直到溶液为中性;用电热鼓风干燥箱烘干稻壳;称量一定量的稻壳,置于箱式电阻炉热解得到白炭黑;称量热解残留物,计算产率,表征白炭黑的物相与微观结构,最后撰写实验报告。稻壳热解制备白炭黑的工艺流程如图 5.6 所示。

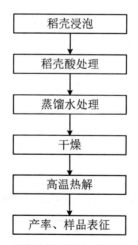

图 5.6　稻壳热解制备白炭黑的工艺流程

(1) 稻壳浸泡

使用去离子水清洗 1～3 遍,清洗稻壳表面的泥土,过滤后取出稻壳,放入烧杯中置入烘干箱中烘干。

(2) 稻壳酸处理

利用纯硝酸(分析纯)配制得到体积分数为 5%～10% 的硝酸待用。

① 将配好的硝酸倒入烘干的稻壳中,置入恒温水浴箱中并加盖,在 100 ℃的水中加热 1 h,在加热过程中定时用玻璃棒搅拌,以使稻壳能与硝酸充分接触。

② 经水浴后的稻壳,再用去离子水冲洗干净,并放入烘箱通风烘干。

记录稻壳酸浸前后的质量。

(3) 稻壳热处理

① 使用电阻炉加热,为防止加热太快,在 300 ℃左右保温 10~20 min,待烟雾散尽,之后再升温。

② 达到指定温度时保温 6 h。

实验一共烧了 5 组样,温度分别为 500 ℃,550 ℃,600 ℃,650 ℃,800 ℃,分别命名为样品 1,2,3,4,5。

记录热解前后的质量。

热解得到的样品如表 5.25 所示。

表 5.25　热解样品

热解样品编号	热解温度(℃)	保温时间(h)	产率(%)
1	500	6	
2	550	6	
3	600	6	
4	650	6	
5	800	6	

(4) 物相分析

取适量清洗后、酸浸后的稻壳,研磨成粉末。对清洗后、酸浸后的稻壳粉末及热处理后的稻壳粉末进行 XRD 衍射分析仪测试,其物相测试参数设定为 $10°\sim 90°$,$3°/min$。

(5) 形貌分析

取适量清洗后、酸浸后的稻壳,热处理后的白炭黑粉末进行 SEM 测试,观察形貌并进行分析。

5.4.5　实验中的注意事项

(1) 在水浴加热的过程中,要定时地搅拌稻壳,防止加热过程中由于水蒸气的挥发导致稻壳体积膨胀,向容器外蔓延。

(2) 酸处理后,要将稻壳中存留的酸尽可能地洗净,防止热解时挥发的硝酸可能会对炉子产生损害。

(3) 稻壳热解时,将电阻炉门留个缝隙,保证稻壳热解有足够的氧气,同时以便稻壳热解产生烟气散发。

稻壳制备白炭黑实验数据记录

稻壳处理前后质量变化原始数据如表 5.26 所示。

表 5.26　稻壳处理前后质量变化原始数据记录表

		质量
清洗	清洗前	
	清洗后	
酸浸	酸浸前	
	酸浸后	
热处理	500 ℃处理前	
	500 ℃处理后	
	550 ℃处理前	
	550 ℃处理后	
	600 ℃处理前	
	600 ℃处理后	
	650 ℃处理前	
	650 ℃处理后	
	800 ℃处理前	
	800 ℃处理后	

5.4.6　实验数据与实验报告

(1) 实验报告要求

稻壳制备白炭黑实验报告应包含以下内容：

① 掌握稻壳资源化的过程、机理。

② 了解稻壳资源化过程中的产量与质量损失，并探究其原因。

③ 掌握稻壳的成分及相应的比例。

④ 掌握白炭黑的应用。

⑤ 掌握 SEM 分析方法。

(2) 实验数据及处理

稻壳质量变化如表 5.27 所示。

表 5.27　稻壳质量变化表

		质量	质量变化量
清洗	清洗前		
	清洗后		
酸浸	酸浸前		
	酸浸后		
热处理	500 ℃处理前		
	500 ℃处理后		
	550 ℃处理前		
	550 ℃处理后		
	600 ℃处理前		
	600 ℃处理后		
	650 ℃处理前		
	650 ℃处理后		
	800 ℃处理前		
	800 ℃处理后		

① 将各部分的 XRD 作图,结合各步骤之后的质量变化,分析说明每一步的作用。

② 通过对比不同步骤后稻壳 SEM 的变化,说明其区别与原因。

③ 通过对比热处理后不同温度 SEM 的图片,说明不同之处及相关原因。

5.4.7　思考题

(1) 查阅相关资料,了解中国稻壳产量及其利用现状。

(2) 稻壳资源化方式及注意事项有哪些?

(3) 稻壳热解得到的白炭黑有哪些用途?

5.5　农业秸秆资源化利用实验

5.5.1　生物质秸秆简介

秸秆是成熟农作物茎叶(穗)部分的总称,通常是指小麦、水稻、玉米、薯类、油菜、棉花、甘蔗和其他农作物(通常为粗粮)在收获籽实后的剩余部分。农作物秸秆是绿色植物光合作用的产物,绿色植物利用叶绿素通过光合作用,把 CO_2 和 H_2O 转化为葡萄糖,并把光能储存在其中,然后进一步把葡萄糖聚合成淀粉、纤维素、半纤维素和木质素等构成植物本身的物质。据估计,作为植物秸秆的生物质主要成分——木质素和纤维素每年以约 1640 亿 t 的速度再生,如以能量换算相当于石油产量的 15～20 倍。如果这部分资源得到好的利用,人类相当于拥有一个取之不尽的资源宝库。而且,由于生物质秸秆来源于空气中的 CO_2,燃烧后再生成 CO_2,所以不会增加空气中 CO_2 的含量。鉴于利用生物质秸秆作为能源不会增加大气中 CO_2 的含量,即碳中性生物质与矿物质能源相比更为清洁。

生物质秸秆是植物光合作用的产物,它是由多种复杂的天然高分子有机化合物组成的复合体。生物质的主要化学组成是纤维素、半纤维素、木质素等。一般木材中,纤维素占 40%～50%,还有 25%～35% 的半纤维素和 15%～20% 的木质素。在不同的生物质中,或者在同一生物质中的不同部位,这些化学组成都是有很大差异的。

纤维素是自然界中储量非常大的碳水化合物,是以 D-吡喃式葡萄糖为基本及巩固单元,然后通过 β-糖苷键连接组成的天然高分子。纤维素是天然的高分子,也就具有高分子多分散性或不均一性。纤维素是生物质的重要组成部分,是植物细胞壁的主要组分,在不同的生物质中其含量也是有很大的差别的。例如,木材中纤维素的含量为 40%～55%,稻草、芦苇等禾本科植物的纤维素含量为 40%～50%,亚麻类植物的韧皮中纤维素含量高达 60%～85%,纤维素含量最高的植物是棉花,高达 88%～90%。所以说纤维素是自然界中含量最丰富的可再生资源,有效、合理、充分地利用纤维素资源能很好地缓解资源危机和环境问题。

半纤维素是植物中连接纤维素和木质素的重要部分,不同植物的半纤维素的结构有很大的差异。半纤维素和纤维素主要的不同点包括:半纤维素是由不同的糖原聚合而成的,分子链较短而且带有支链,不像纤维素是由单一的葡萄糖元构成的。半纤维素高聚糖的平均聚合度比较低,像聚木糖的平均聚合度只有 100～

300,甘露糖的聚合度约为 100。

　　木质素是自然界中含量仅次于纤维素和半纤维素的天然高分子材料。木质素是由各种取代的苯基丙烷单元的分子聚合而成的天然高分子,它的碳含量相对于纤维素、半纤维素要高得多。估计每年全世界由植物生产的木质素就有 1500 亿 t,近年来由于造纸业的发展,造纸黑液中每年可以提取木质素 5000 万 t。这些木质素只有 2% 被当作材料使用,大部分都被烧掉了,这造成了很大的能源浪费。木质素是由大量的芳香环通过 C—O—C 键和 C—C 键交织相连在一起构成的一种三维网状结构的大分子。木质素是由醇单体形成的一种复杂酚类聚合物,主要由愈疮木基、紫丁香基和对羟基苯丙烷结构单元组成。它的每一种结构单元上都有不同的取代基位置,因此 3 种结构单元之间可以有多种链接方式,这就使得木质素的结构十分复杂,至今科学家们仍没能全部搞清楚它的结构。目前研究表明木质素的天然结构中各单元间的键链接方式主要是 β—O—4 和 α—O—4,约占 50%。木质素中还含有其他链接方式的键型,像 β—β、β—1、β—5、5—5、5—O—4 等。如果打开木质素的各种链接键,产生木质素的单体,这些单体可以用于能源和化学品原料。因此可以说木质素是未来产生能源和化学品的重要资源,特别是作为芳烃的来源,木质素是生物质能源中能够直接获得芳烃的原料。

5.5.2　秸秆利用技术

　　农作物秸秆属于农业生态系统中一种十分宝贵的生物质能资源。农作物秸秆资源的综合利用对于促进农民增收、环境保护、资源节约以及农业经济可持续发展意义重大。通过科技进步与创新,农作物秸秆的综合开发利用找到了多种用途,除传统的将秸秆粉碎还田做有机肥料外,还走出了秸秆饲料、秸秆热解汽化液化、秸秆发电、秸秆乙醇、秸秆建材等新路子,大大提高了秸秆的利用值和利用率。

　　目前国内外生物质利用技术主要是将生物质转换为固态、液态和气态燃料加以高效利用。这里我们主要是从生物质向液体燃料的转化利用进行分析。生物质中含有大量炭源,这和目前我们所使用的化石能源中的煤炭、石油等有很高的相似性,也是目前制备液体燃料最好的可再生绿色原料的来源。目前生物质燃料经历了几代的发展,具有一定的规模化应用。目前集中在以木质纤维素为原料,它的量比较大,资源丰富,而且不存在食品链的竞争,它也可以作为燃料和化学品的替代原料,使用非粮食类的生物质秸秆制备液体燃料。目前,木质纤维素材料可以通过 3 种主要的途径转化为液体燃料。木质纤维素主要是通过汽化、热解液化和水解的方式首先解聚,然后再通过各种方法进一步地提质制备能源燃料。第一种汽化路径,就是生物质在高温下热解汽化得到合成气。热解气体中包含了 CO、H_2、CO_2

和 CH₄ 等气体。合成气通过费-托(F-T)合成的方法能够制备烷烃燃料,水蒸气重整也能合成甲醇以及氢气。

生物质通过热解的方法不仅能够发生汽化,在适当的条件下也可以发生液化,获得液体的生物油。通过热解产生的液体产品,必须控制好最佳的停留时间和热解温度。低温下长停留时间产生的主要是木炭,而高温下主要产生气体。木材(24 h 停留时间)的慢速热解是一种常见的从木材生产木炭、醋酸、甲醇和乙醇的方法。生物质经过快速热裂解,然后冷却收集就能获得生物油。生物油主要是在生物质原料被加热的情况下形成的气态产物冷凝热解过程中产生的。液化是在高压 50~200 atm 和低温 325~350 ℃发生的,热解则是在低压 1~5 atm 和高温 375~525 ℃发生的。热解的成本要比液化低,而且目前许多热解技术已经商业化应用。热解获得的生物油转移了生物质中 50%~90%的能量。木材、农林废弃物和森林废弃物经过热解都可以获得生物油。但是生物油是一种复杂度很高的混合物,由 400 多种化合物构成,其中包含了有机酸、醇、醛、醚、酮和芳烃化合物。因此生物油作为运输燃料使用必须经过进一步的精制,经过脱氧加氢等精制方法最终获得液体烷烃燃料。

5.5.3　农业玉米秸秆资源化制备生物油实验

为解决农村大量的玉米秸秆在田地中直接燃烧对环境造成的污染问题,实现废弃物资源化利用,同时提高燃料质量和燃烧性能,本实验采用高温热化学法对固体玉米秸秆进行液化,通过温度的调节和催化剂的加入,研究不同条件下液化产物的性能。

1. 实验目的

(1) 掌握秸秆热解的工艺方法。

(2) 了解秸秆在各个处理步骤后的变化。

(3) 掌握热解时,热解温度、颗粒大小与时间对产率的影响。

2. 实验原理

秸秆、林业废弃物等生物质快速热解液化技术是采用常压、超高加热速率 (10^3~10^4 K/s)、超短产物停留时间(0.5~1 s)及适中的裂解温度(500 ℃左右),使生物质中的有机高聚物分子纤维素、半纤维和木质素在隔绝空气的条件下迅速断裂为短链分子,生成含有大量可冷凝有机分子的蒸汽,蒸汽被迅速冷凝,同时获得液体燃料、少量不可凝气体和焦炭。液体燃料被称为生物油(bio-oil),为棕黑色黏性液体,是一种基本不含硫、氮和金属成分的绿色燃料。

玉米秸秆作为一种常见的农业废弃物,主要是由有机天然高分子纤维素、半纤维和木质素组成的,含有 C、H、O 三种元素,通过高温液化解聚大分子,同时除去其中 O 元素的含量,获得只含有 C、H 两种元素构成的类似石油的液体生物油产物。同时在热解过程中加入少量的分子筛催化剂,能够获得以芳烃为主要成分的生物油,从而研究在孔道的择形催化作用下提高生物油中产物的选择性问题,同时能更好地达到脱除 O 元素、提高燃料性能的目的。

3. 仪器设备及材料

(1) 实验试剂

实验原料为玉米秸秆。试剂主要有乙醇、甲醇、ZSM-5 和 HZSM-5 分子筛催化剂。在实验过程中使用的主要反应原料的名称及试剂级别如表 5.28 所示。

表 5.28　实验所需原料及试剂

试剂/原料名称	级别
玉米秸秆	——
乙醇	分析纯
甲醇	分析纯
ZSM-5	$n(Si)/n(Al)=50$
HZSM-5	$n(Si)/n(Al)=50$

(2) 实验仪器和设备

电子天平,粉碎机,压片机,40~60 目筛子,电热鼓风干燥箱,马弗炉,催化热解装置型号:TR-252-P,氮气瓶,气体收集囊,冷却装置,石英棉以及烧杯、表面皿等玻璃仪器。

4. 实验过程及步骤

玉米秸秆经过高温热解后生成含有大量可冷凝有机分子的蒸汽,蒸汽被迅速冷凝,同时获得液体生物油燃料、少量不可凝气体和焦炭。其制备工艺流程如图5.7 所示。使用这种方法制备生物油,不仅工艺简单,费用低,而且能够提高燃料性能,对生物质各成分的学习也有促进作用。

(1) 玉米秸秆粉碎

玉米秸秆在烘箱内烘干 12 h,通过粉碎机进行粉碎,然后筛选过 40~60 目的颗粒备用。

(2) 催化剂造粒

将压片机压好的催化剂人工粉碎过筛,筛选 40~60 目的颗粒。将这些颗粒放入马弗炉中,在 500 ℃下烧 3 h 后冷却备用。

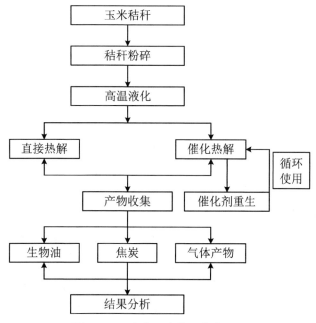

图 5.7　玉米秸秆液化工艺流程图

(3) 实验前称量

通过天平称量所需原料 1.0 g,催化剂 1.0 g,称量反应石英管质量。

5. 热解液化反应

(1) 将准备好的玉米秸秆颗粒放入实验装置中,连通氮气通气,在氮气做载气下升高反应炉温度至需要的温度。

(2) 达到所需温度后接上液体收集装置和气体收集气囊。

(3) 缓慢地将玉米秸秆推入高温反应炉内,直至原料加完。

(4) 反应结束后称量液体产物和固体焦炭的质量。

催化实验是在反应管的中央区域加入催化剂床层,其他步骤一致。

6. 产物分析

实验一共获得 5 组样品,反应温度在 400 ℃,500 ℃,600 ℃的样品分别命名为样品 1,2,3。500 ℃催化热解实验 ZSM-5 和 HZSM-5 分子筛催化剂的样品分别命名为样品 4 和 5。玉米秸秆热解产物分布如表 5.29 所示。

表 5.29　玉米秸秆热解产物分布

原料	编号	温度(℃)	催化剂	产物分析(wt%)		
				生物油	焦炭	气体
玉米秸秆	1	400	无			
	2	500	无			
	3	600	无			
	4	500	ZSM-5			
	5	500	HZSM-5			

5.5.4　实验中的注意事项

(1) 实验前后注意对反应的石英管进行称量,否则会缺乏实验数据。

(2) 热解液化实验过程中注意反应炉的温度,在高温下注意安全,防止烫伤。

(3) 热解液化过程中大量地添加原料,秸秆的瞬间碳化可能会造成反应管的堵塞,注意添加原料的量。

5.5.5　实验数据的记录及整理

1. 实验报告

将实验数据用表格列出,根据不同温度和催化剂下产物的质量,对实验数据进行分析。

实验报告应包含以下内容:

(1) 实验目的和简要的实验过程。

(2) 实验结果。

(3) 计算各产物的质量产率。

(4) 计算催化剂的回收率。

(5) 实验后的收获体会。

2. 思考题

(1) 玉米秸秆热解液化产率和温度之间的关系是什么? 可能存在哪些影响产率的因素?

(2) 催化热解过程和直接热解有什么不同? 催化过程的原理是什么?

5.6　废胶粉填充聚氨酯泡沫塑料的制备及冲击性能的研究

5.6.1　实验目的

随着汽车工业和橡胶工业的发展,由废橡胶引起的环境问题,越来越得到人们的重视。废橡胶作为固体废弃物,在露天堆放会污染环境,被称为"黑色污染",其回收利用是世界性的难题。重新利用废旧橡胶的途径主要有焚烧回收热能、裂解回收小分子物、粉碎制备胶粉和脱硫制备再生胶。将废旧轮胎等橡胶制品粉碎成胶粉称为硫化胶粉。胶粉是生橡胶的补充资源,是我国橡胶工业不可缺少的主要原材料之一。为保护人类的生存环境,减少废旧橡胶对环境的污染,对废旧橡胶进行无害化处理并实现资源化利用,即通过将橡胶粉碎制成胶粉,然后直接使用或与其他材料掺混使用,被认为是回收利用的最佳途径。

聚氨基甲酸酯简称聚氨酯,是指高分子主链上含有许多—NHCOO—基团的一类聚合物,通常由多元醇化合物(—OH)和有机异氰酸酯化合物(—NCO—)聚合而成。由于所用原料官能度的不同,可制备线性或体型高度交联的材料。结构决定性能,根据聚氨酯材料的性能不同,聚氨酯通常又分为泡沫塑料、弹性体、胶黏剂、涂料和皮革材料。泡沫塑料作为聚氨酯的一个主要产品,具有密度低、物理性能和化学性能优异等特点,得到了广泛的应用,但在使用过程中聚氨酯发泡材料通常具有一定的脆性。为此,可以加入废胶粉对聚氨酯发泡材料进行韧性改性。

5.6.2　实验原理

1. 预聚体的合成

由二异氰酸酯与聚醚或聚酯多元醇反应生成含异氰酸酯端基的聚氨酯预聚体:

$$\text{OCN}-\text{R}-\text{NCO}+\text{HO} \sim \text{OH} \longrightarrow \text{OCN}-\text{R}-\text{NH}-\overset{\overset{\text{O}}{\|}}{\text{C}}-\text{O} \sim \text{O}-\overset{\overset{\text{O}}{\|}}{\text{C}}-\text{NH}-\text{R}-\text{NCO}$$

2. 气泡的形成与扩链

异氰酸根与水反应生成的氨基甲酸不稳定,分解生成胺与 CO_2,放出的 CO_2 气体在聚合物中形成气泡,并且生成的端氨基聚合物可与异氰酸根进一步发生扩链反应得到含脲基的聚合物:

$$\sim\!\!\sim NCO + H_2O \longrightarrow \left[\sim\!\!\sim NH-\overset{|}{C}-OH\right] \longrightarrow \sim\!\!\sim NH_2 + CO_2$$

$$\sim\!\!\sim NH_2 + \sim\!\!\sim NCO \xrightarrow{\text{扩链}} \sim\!\!\sim NH-\overset{\overset{O}{\|}}{C}-NH\sim\!\!\sim$$

3. 交联固化

异氰酸根与脲基上的活泼氢反应,使分子链发生交联,形成网状结构。

聚氨酯泡沫塑料按其柔韧性可分为软泡沫和硬泡沫,主要取决于所用的聚醚或聚酯多元醇,使用较高分子量及相应较低羟值的线形聚醚或聚酯多元醇时,得到的产物交联度较低,为软质泡沫;若用短链或支链较多的聚醚或聚酯多元醇时,为硬质泡沫。根据气孔的形状差异,聚氨酯泡沫可分为开孔型和闭孔型,可通过添加助剂来调节。乳化剂可使水在反应混合物中分散均匀,从而可保证发泡的均匀性;稳定剂可防止在反应初期泡孔结构的破坏。

聚氨酯泡沫的形成是一种比任何其他聚氨酯的形成都更加复杂的过程,除在聚合物系统中的化学和物理状态变化之外,泡沫的形成又增加了胶体系统的特点。要了解聚氨酯泡沫的形成,还须涉及气体发生和分子增长的高分子化学、核晶过程和稳定泡沫的胶体化学以及聚合体系熟化时的流变学。

聚氨酯泡沫的制造分为 3 种:预聚体法、半预聚体法和一步法。本实验主要采用一步法。一步法发泡即是将聚醚或聚酯多元醇、多异氰酸酯、水以及其他助剂如催化剂、泡沫稳定剂等一次加入,使链增长、气体发生及交联等反应在短时间内几乎同时进行,在物料混合均匀后,1~10 s 进行发泡,0.5~3 min 发泡完毕并得到具有较高分子量、一定交联密度的泡沫制品。要制得孔径均匀和性能优异的泡沫,必须采用复合催化剂、外加发泡剂和控制合适的条件,使 3 种反应得到较好的协调。

大部分的一步法发泡是在室温下进行的,所以,用于一步法的各种原料在室温下最好是液体,并要求原料相互间混溶性好。硬质聚氨酯泡沫塑料实验室最常用的成型方法是手工发泡。把各种原料精确称量后,置于一个容器中,然后立即把这些原料混合均匀,注入模具或需要充填泡沫塑料的空腔中去,立即发生化学反应并发泡后得到泡沫塑料。

5.6.3　材料与设备

(1) 材料:异氰酸酯,废胶粉,聚醚多元醇,发泡剂,交联剂和催化剂等。
(2) 设备:搅拌器,烘箱,金相显微镜,分析天平,橡胶回弹实验机等。

5.6.4　实验步骤

(1) 将废胶粉放入一定目数的筛子中进行筛分,然后放入干燥箱中进行干燥处理。
(2) 将聚醚多元醇、发泡剂、交联剂、催化剂等原料按照一定比例称量放置于容器中,用 2500 r/min 的高速搅拌器搅拌 3 min 制成混合聚醚,作为 A 料。
(3) 称取一定比例的异氰酸酯和废胶粉,用 1000 r/min 的搅拌器搅拌 2 min 制成混合 B 料。
(4) 将 A,B 料进行混合,搅拌 20~30 s 后倒入模具中让其进行自由发泡,待泡沫完全熟化后脱模,放置后对其进行性能测试。
(5) 表观密度测试
密度测试参照 GB/T 6343—1986 执行。试样尺寸:立方体或者长方体。
操作:在分析天平上精确称量试样的质量 m,精确到 0.01 g。用游标卡尺测量试样的长宽高,精确度为 1%,每个尺寸至少在 3 个分隔的位置测量,然后取每一位置 3 个数的平均值,并计算其体积 V。

（6）金相显微镜分析

将样品置于载物台垫片，调整粗/微调旋钮进行调焦，直到观察到清晰的图像为止。打开计算机，启动图像分析软件，找到关心的视场后将其采集、处理。

（7）吸水率：测试表观密度的样品，投入到水中，静止大于 24 h 后测试吸水后的质量。

（8）冲击回弹性：制备 30 mm×30 mm×10 mm 的样条，在橡胶回弹实验机上做冲击回弹实验。

5.6.5　注意事项

制备泡沫塑料时产生的疵病原因及解决办法如表 5.30 所示。

表 5.30　制备泡沫塑料时产生的疵病原因及解决办法

疵病	可能原因	解决办法
开裂	发泡后期凝胶速度大于气体发生速度 物料温度过高 异氰酸酯用量不足	减少有机锡催化剂用量 提高胺类催化剂用量 调整物料温度 调整异氰酸酯用量
泡沫崩塌	气体发生速度过快 凝胶速度过慢 硅油稳定剂不足或失败 物料配比不准 搅拌速度不当	减少胺类催化剂用量 增加有机锡类催化剂用量 增加硅油用量 调节至一定范围 调节至一定范围
泡沫收缩	凝胶速度大于发泡速度 搅拌速度太慢 异氰酸酯用量过多	使发泡速度平衡 增加搅拌速度 减少用量
结构模糊气泡严重	搅拌速度过快 物料计量不准	适当减慢速度 检查各组分，计量准确

5.6.6　数据处理

将实验数据用表格列出，同时根据实验结果讨论，数据表格如表 5.31 所示。

表 5.31　实验方案及实验结果分析（以冲击强度为例）

| 实验号 | 实 验 方 案 | | | | 实验结果 |
| | A 废胶粉（份） | B TMP（份） | C 水（份） | D 空白 | 冲击强度（MPa） |
	1	2	3	4	
1	1	1	1	1	
2	1	2	2	2	
3	1	3	3	3	
4	2	1	2	3	
5	2	2	3	1	
6	2	3	1	2	
7	3	1	3	2	
8	3	2	1	3	
9	3	3	2	1	

注：TMP（三羟甲基丙烷）是聚氨酯固化过程中的交联剂。

通过对数据进行直观分析和方差分析，得到最优反应条件、因素影响的主次和因素对实验指标影响的显著性。

5.6.7　思考题

（1）对比任意 3 种配方制备的聚氨酯泡沫的性能，影响密度的因素有哪些？

（2）聚氨酯泡沫塑料的软硬是由哪些因素决定的？

（3）如何保证均匀的泡孔结构？

（4）讨论实验中各种因素对实验指标的影响。

附录 A 实 验 报 告

开课实验室：　　　　　　　　　　　　　　　　　　年　　月　　日

学院		年级、专业、班		姓名	
课程名称		指导教师		成绩	
教师评语					

教师签名：
年　　月　　日

一、实验目的

二、实验原理

三、使用仪器、材料

四、实验步骤

五、实验过程原始记录(数据、图表、计算等)

六、实验结果及分析

注：表格根据内容需要可扩展；实验数据处理及分析请附页，附页需用 A4 纸或坐标纸。

附录 B　实验报告的基本内容及要求

每门课程的所有实验项目的报告必须以课程为单位装订成册,格式参见附录 A 的实验报告。实验报告应包括实验预习、实验记录和实验总结等方面的内容,要求这 3 个过程在一个实验报告中完成。

1. 实验预习

在实验前每位同学都需要对本次实验进行认真的预习,并写好预习报告,在预习报告中要写出实验目的、要求,需要用到的仪器设备、物品资料以及简要的实验步骤,形成一个操作提纲。对实验中的安全注意事项及可能出现的现象等做到心中有数,但这些不要求写在预习报告中。设计性实验要求进入实验室前写出实验方案。

2. 实验记录

学生开始实验时,应该将记录本放在近旁,将实验中所做的每一步操作、观察到的现象和所测得的数据及相关条件如实地记录下来。

实验记录中应有指导教师的签名。

3. 实验总结

实验总结包括对实验数据、实验中的特殊现象、实验操作的成败和实验的关键点等内容进行整理、解释、分析总结,回答思考题,提出实验结论或自己的看法等。

注:实验数据处理及分析请附页,附页必须为 A4 纸或标准坐标纸。

参 考 文 献

［1］ 杨祯奎.水域的富营养化及其防治对策[M].北京:中国环境科学出版社,1987.

［2］ 潘涛,李安峰,杜兵.废水污染控制技术手册[M].北京:化学工业出版社,2013:964-997.

［3］ 王凯军,贾立帮.城市污水生物处理新技术开发与应用[M].北京:化学工业出版社,2001:1-5.

［4］ 徐晶,朱民.城市景观水体富营养化及其控制[J].环境科学与管理,2010,35(7):150-152.

［5］ 唐朝春,陈惠民,刘名,等.利用吸附法除磷研究进展[J].工业水处理,2015,35(7):1-4.

［6］ Zhang L,Zhou Q,Liu J,et al. Phosphate adsorption on lanthanum hydroxide-doped activated carbon fiber[J]. Chemical Engineering Journal,2012(185/186):160-167.

［7］ 邓寅生,邢学玲.煤炭固体废弃物利用与处置[M].北京:中国环境科学出版社,2008:29-37.

［8］ 魏德洲.固体物料分选学[M].北京:冶金工业出版社,2013:81-84.

［9］ 杨利香,施钟毅."十一五"我国粉煤灰综合利用成效及其未来技术方向和发展趋势[J].粉煤灰,2012,24(4):4-9.

［10］ Stum W,Morgan J J. Aquatic chemistry:chemical equilibria and rates in natural waters[M]. New York:Wiley Interscience,1996:744.

［11］ Correll D L. The role of phosphorus in the eutrophication of receiving waters:a review[J]. Journal of Environmental Quality,1998(27):261-266.

［12］ Krishnan K A,Haridas A. Removal of phosphate from aqueous solutions and sewage using natural and surface modified coir pith[J]. Journal of Hazardous Materials,2008,152(2):527-535.

［13］ Liu T,Feng J K,Wan Y Q,et al. ZrO_2 nanoparticles confined in metal organic frameworks for highly effective adsorption of phosphate[J]. Chemosphere,2018(210):907-916.

［14］ 李文顾,朱林.日本粉煤灰综合利用对我国的启示[J].粉煤灰综合利用,2010(3):52-56.

［15］ 钱觉时,吴传明.粉煤灰的矿物组成:上[J].粉煤灰综合利用,2001(1):26-31.

［16］ 边炳鑫,李哲.粉煤灰分选与利用技术[M].徐州:中国矿业大学出版社,2005.

［17］ Yang J,Zhao Y,Zyryanov V,et al. Physical-chemical characteristics and elements enrichment of magnetospheres from coal fly ashes[J]. Fuel,2014(135):15-26.

［18］ 王涛,张辉,容淦,等.结合中国专利申请浅析粉煤灰综合利用技术的发展状况[J].粉煤灰,2013(4):4-6.

［19］ 吴先锋,李建军,朱金波,等.粉煤灰磁珠资源化利用研究进展[J].材料导报,2015,29(12):103-107.

[20] 李建军,吴先锋,张靖,等. 粉煤灰磁珠精选改性及其磁絮凝应用研究[J]. 煤炭加工与综合利用,2015(4):67-71.

[21] 李建军,但宏兵,谢蔚,等. 粉煤灰磁性吸附剂的制备及磷吸附机理[J]. 无机化学学报,2018,34(8):1455-1462.

[22] Li J J,Zhu J B,Qiao S Y,et al. Processing of coal fly ash magnetic spheres for clay water flocculation[J]. International Journal of Mineral Processing,2017(169):162-167.

[23] 李建军,鲍旭,吴先锋,等. 磁性壳聚糖复合微球的制备及其 Cu^{2+} 吸附性能[J]. 无机化学学报,2017,33(3):383-388.

[24] 吴耀国,陈培榕,孙伟民,等. 改性粉煤灰在水处理中的应用[J]. 材料导报,2008,22(8):368-371.

[25] 李少辉,赵澜,包先成,等. 粉煤灰的特性及其资源化综合利用[J]. 混凝土,2010(4):76-78.

[26] Wang X S. Mineralogical and chemical composition of magnetic fly ash fraction[J]. Environmental Earth Sciences,2014,71(4):1673-1681.

[27] 赵永椿,张军营,高全,等. 燃煤飞灰中磁珠的化学组成及其演化机理研究[J]. 中国电机工程学报,2006,26(1):82-86.

[28] Bian B X,Li Z,Lv Y B,et al. Study on the separation and utilization technology of magnetic bead in fly ash[J]. Journal of Coal Science & Engineering (China),2000(2):16.

[29] Blissett R S,Rowson N A. A review of the multi-component utilisation of coal fly ash[J]. Fuel,2012(97):1-23.

[30] 肖泽俊,李国彦. 粉煤灰磁珠做选煤加重质的研究及应用[J]. 煤炭加工与综合利用,1995(4):37-40.

[31] 李桂春,吕玉庭. 粉煤灰磁珠的回收及其在选煤厂的应用[J]. 煤炭加工与综合利用,1997(6):37-39.

[32] Fan M,Luo Z,Zhao Y,et al. Effects of magnetic field on fluidization properties of magnetic pearls[J]. China Particuology,2007,5(1):151-155.

[33] 李建军,朱金波,张丽亭,等. 磁选技术在水污染治理中的应用[J]. 水处理技术,2012,38(7):9-13.

[34] 黄启荣,霍槐槐. 磁絮凝与磁分离技术的应用现状与前景[J]. 给水排水,2010,36(7):150-152.

[35] Wan T J,Shen S M,Siao S H,et al. Using magnetic seeds to improve the aggregation and precipitation of nanoparticles from backside grinding wastewater[J]. Water Research,2011,45(19):6301-6307.

[36] 陈瑜,李军,陈旭姿,等. 磁絮凝强化污水处理的实验研究[J]. 中国给水排水,2011,27(17):78-81.

[37] Liu D,Wang P,Wei G,et al. Removal of algal blooms from freshwater by the coagulation-magnetic separation method[J]. Environmental Science and Pollution Research,2013,20(1):60-65.

[38] 王龙贵. 回收粉煤灰中磁珠处理含磷废水[J]. 煤炭科学技术,2003,31(1):54-55.

[39] 王龙贵. 回收粉煤灰磁珠在污水处理中的应用[J]. 环境污染治理技术与设备,2004,5(3):88-89.

[40] Zhang M,Xiao F,Xu X Z,et al. Novel ferromagnetic nanoparticle composited PACls and their coagulation characteristics[J]. Water Research,2012,46(1):127-135.

[41] 李建军,朱金波,刘银,等. 一种利用粉煤灰磁珠与聚丙烯酰胺复合制备磁性絮凝剂的方法:中国,105312620[P]. 2015-01-14.

[42] 李建军,朱金波,李蒙蒙,等. 磁性絮凝剂的原位共沉淀合成及其在煤泥水处理中的应用[J]. 北京工业大学学报,2014(11):19.

[43] 钟文定. 铁磁学:中册[M]. 北京:科学出版社,1998.

[44] 郭颐诚. 铁磁学[M]. 北京:人民教育出版社,2006.

[45] 段希祥. 碎矿与磨矿[M]. 北京:冶金工业出版社,2006.

[46] 赵宇轩,王银东. 选矿破碎理论及破碎设备概述[J]. 中国矿业,2012,21(11):103-105.

[47] 孙永宁,葛继,关航健. 现代破碎理论与国内破碎设备的发展[J]. 现代冶金,2007,35(5):5-8.

[48] 潘永泰,陈华辉. 煤矸石分级破碎设备所用破碎齿材料的研究与效果评价[J]. 中国煤炭,2012,38(4):70-74.

[49] 刘树,张兆芝,潘志东,等. 国内外激光粒度仪结构与性能介绍[J]. 中国仪器仪表,2012(1):63-66.

[50] 刘涛,高晓飞. 激光粒度仪与沉降-吸管法测定褐土颗粒组成的比较[J]. 水土保持研究,2012,19(1):16-22.

[51] 卢珊珊,陆海峰,郭晓镭,等. 激光粒度仪测定煤粉粒度及分布的方法研究[J]. 中国粉体技术,2010,16(4):5-8.

[52] 张霜玉,吕馥言,夏正猛,等. 激光粒度法与筛分法测量洗煤泥粒度分布对比[J]. 中国粉体技术,2014,20(2):43-46.

[53] 隋修武,李瑶,胡秀兵,等. 激光粒度分析仪的关键技术及研究进展[J]. 电子测量与仪器学报,2016,30(10):1449-1459.

[54] 葛银光,胡庆. 重力分选方法的发展历程和趋势[J]. 中国科技成果,2012(16):63-66.

[55] 刘明华. 再生资源工艺和设备[M]. 北京:化学工业出版社,2013.

[56] 赵世永,杨兵乾. 矿物加工实践教程[M]. 西安:西北工业大学出版社,2012.

[57] 慕红梅. 浮游分选技术[M]. 北京:北京理工大学出版社,2015.

[58] 朱文龙,黄万抚. 国内外锂矿物资源概况及其选矿工艺综述[J]. 现代矿业,2010(7):1-4.

[59] 胡皆汉,郑学仿. 实用红外光谱学[M]. 北京:科学出版社,2011.

[60] 翁诗甫. 傅里叶变换红外光谱分析[M]. 北京:化学工业出版社,2010.

[61] 褚小立,陆婉珍. 近五年我国近红外光谱分析技术研究与应用进展[J]. 光谱学与光谱分析,2014,34(10):2595-2605.

[62] 邵学广,宁宇,刘凤霞,等. 近红外光谱在无机微量成分分析中的应用[J]. 化学学报,2012,70(20):2109-2114.

[63] 刘永民. 对建筑废弃物再生利用的思考[J]. 中国建材科技,2008,17(3):21-27.

[64] 杨医博,梁松,莫海鸿,等.建筑废弃物的处理和再生利用方法:中国,101099974[P].2008-01-09.

[65] 曹小琳,刘仁海.建筑废弃物资源化多级利用模式研究[J].建筑经济,2009(6):91-93.

[66] 陈家珑.建筑废弃物(建筑垃圾)的资源化利用及再生工艺[J].混凝土世界,2010(9):44-49.

[67] 王磊,赵勇.国外建筑废弃物循环利用的经验及对我国的启示[J].再生资源与循环经济,2011,4(12):37-41.

[68] 陈坤.建筑废弃物再生及其在公路工程中的应用研究[D].西安:长安大学,2012.

[69] 刘音.建筑垃圾粗粉煤灰充填材料性能研究[M].郑州:黄河水利出版社,2015.

[70] Zhao Y,Deng L,Liao B,et al. Aromatics production via catalytic pyrolysis of pyrolytic lignins from bio-oil[J]. Energy & Fuels,2010,24(10):5735-5740.

[71] 赵岩,刘银.HZSM-5 分子筛催化热裂解生物质制备芳烃化合物[J].化工新型材料,2017,45(2):145-147.

[72] 赵岩,杨丽群,刘银.一种球磨预处理微晶纤维素热解制备生物油的方法:中国,103647859[P].2018-09-28.

[73] 陈正中,邹立壮,郭瑾,等.生物柴油的研究现状[J].化工中间体,2007(10):30-33.

[74] 张静,唐恩凌.生物柴油的应用现状及技术进展[J].化工技术与开发,2008,37(8):23-30.

[75] 路冉冉,商辉,李军.生物质热解液化制备生物油技术研究进展[J].生物质化学工程,2010,44(3):54-59.

[76] 傅若农.近两年国内气相色谱的进展[J].分析试验室,2011,30(5):88-122.

[77] 周勇义,谷学新,范国强,等.微波消解技术及其在分析化学中的应用[J].冶金分析,2004,24(2):30-36.

[78] 史啸勇,郁建桥.微波消解-原子吸收光度法测定土壤中的铜锌铅镉镍铬[J].环境监测管理与技术,2003,15(1):32-33.

[79] 刘雷,杨帆,刘足根,等.微波消解 ICP-AES 法测定土壤及植物中的重金属[J].环境化学,2008(4):511-514.

[80] 薛长国,夏玲燕,滕艳华,等.资源循环科学与工程专业的实验设计与数据处理课程建设[J].考试周刊,2013(95):161-162.

[81] 邱轶兵.实验设计与数据处理[M].合肥:中国科学技术大学出版社,2008.

[82] 薛长国,滕艳华,沈亮,等.体验式教学在实验设计与数据处理课程中的研究[J].广州化工,2019,47(10):54-55.